Robert Schneider (Hrsg.) • Praxis der CIM-Planung

Robert Schneider (Hrsg.) • Praxis der CIM-Planung

Praxis der CIM-Planung

Integration computergestützter Produktionsaufgaben
in mittelständischen Unternehmen

Herausgeber: Robert Schneider

Die diesem Buch zugrunde liegenden Arbeiten wurden vom Bundesminister für Forschung und Technologie durch die Projektträgerschaft Arbeit und Technik unter dem Kennzeichen 01 HH 05 7 gefördert. Die Verantwortung für den Inhalt liegt allein bei den Autoren.

Die Deutsche Bibliothek - CIP-Einheitsaufnahme

Praxis der CIM-Planung : Integration computergestützter Produktions-
aufgaben in mittelständischen Unternehmen / hrsg. von Robert Schneider.
Mit Beitr. von G. Lay ... - Düsseldorf : VDI-Verl. 1992
  ISBN-13: 978-3-540-62313-7   e-ISBN-13: 978-3-642-95802-1
  DOI: 10.1007/978-3-642-95802-1

NE: Schneider, Robert [Hrsg.]

ISBN-13: 978-3-540-62313-7

Vorwort

Die internationale Spitzenstellung des deutschen Maschinenbaus beruht nicht zuletzt auf seiner Innovationskraft, d.h. der Anwendung neuester Technologien. Hochqualifiziertes Personal in allen Produktionsbereichen, vom technischen Vertrieb über die Konstruktion und Fertigung bis zur Endabnahme ermöglicht es, aktuelle technologische Entwicklungen schnell sowohl in neue Produkte zu übersetzen als auch die Produktionsweisen flexibel den Markt- und Produktveränderungen anzupassen.

Die derzeit erfolgende schnelle Verbreitung der Computerunterstützung wichtiger Produktionsaufgaben im deutschen Maschinenbau belegt diese Innovationskraft. Auch die informations- und datentechnische Integration betrieblicher Bereiche - unter dem Schlagwort CIM (Computer Integrated Manufacturing) bekannt - ist in Teilbereichen bereits vielfache Realität. Diese Teilrealisierungen im Produktionsalltag haben das Verständnis um den CIM-Begriff entscheidend mitgeprägt. Es stehen weniger die technischen Fragen der Vernetzung verschiedener Computeranwendungen im Unternehmen im Vordergrund als vielmehr Fragen der technisch-organisatorischen Integration zum Zwecke der Unterstützung von Unternehmenszielen. Die informationstechnische Integration verschiedener Produktionsbereiche wird für sich selbst als strategisches Unternehmensziel aufgefaßt. Sie muß somit bereits bei der Planung der Computerunterstützung von Teilbereichen Beachtung finden. Was bei der isolierten Betrachtung eines einzelnen betrieblichen Bereiches als geeignete DV-technische Unterstützung erscheinen mag, kann sich bei der Gesamtbetrachtung der Produktionsabläufe durchaus als Integrationshemmnis herausstellen. Weiterhin besteht bei der Konzeption bereichsübergreifender DV-technischer Systeme die Gefahr, die eventuell erforderlichen organisatorischen Veränderungen und die Veränderungen der Arbeitstätigkeiten der Beschäftigten zu unterschätzen und damit zu wenig zu berücksichtigen. Es besteht ein Zusammenhang zwischen technisch-organisatorischen Festlegungen und der Ausprägung der Arbeitstätigkeiten der Beschäftigten. Die Verteilung der betrieblichen Aufgaben in einer Art und Weise, die das Wissen und Können der im Unternehmen Beschäftigten nutzt, reduziert den DV-technischen Aufwand, dient der Erhaltung qualifizierten Personals und damit dem Erhalt der auch künftig dringend benötigten Innovationskraft der Unternehmen. Ein reduzierter DV-technischer Aufwand erhöht zudem die Flexibilität des Unternehmens bei vom Markt diktierten Produktionsveränderungen. Eine Anpaßbarkeit DV-technischer Systeme an unterschiedliche Organisationsformen und Bedürfnisse ist zwar gegeben, der Aufwand hierzu ist jedoch umso höher, je mehr Funktionen und Informationen das DV-System zum Zeitpunkt der Änderung bzw. Anpassung bereits enthält.

Das in diesem Buch vorgestellte Planungsverfahren zur Integration computergestützter Produktionsaufgaben trägt diesen Überlegungen dadurch Rechnung, daß einerseits neben DV-technischen Integrationspotentialen vor allem auch auf den Markt gerichtete längerfristige Unternehmensziele und organisatorische Integrationspotentiale identifiziert und entwickelt werden, sowie andererseits die Erhaltung und Schaffung qualifizierter Arbeitstätigkeiten explizit berücksichtigt wird.

Das Verfahren entstand im Rahmen eines Pilotvorhabens. Das Vorhaben wurde vom Bundesminister für Forschung und Technologie sowie von den Unternehmen IFAO Industrie Consulting GmbH, Klöckner Ferromatik Desma GmbH (KFD) und Klöckner Technologie Entwicklung GmbH (KTE) finanziert. Die Firmen IFAO, KFD (Werk Malterdingen) und KTE waren darüber hinaus an der Durchführung des Vorhabens aktiv beteiligt. Weitere Partner in diesem Vorhaben waren die Gesellschaft für Arbeitsschutz und Humanisierungsforschung mbh sowie (als federführendes Institut) das Fraunhofer Institut für Systemtechnik und Innovationsforschung, Karlsruhe. Zu nennen sind außerdem die Werke Achim und Maintal der Unternehmensgruppe Klöckner Ferromatik Desma, in denen Teile des Verfahrens zusätzlich erprobt wurden, sowie die Deutsche Forschungsanstalt für Luft- und Raumfahrt e.V., Projektträgerschaft Arbeit und Technik, die - neben der administrativen Abwicklung - zusammen mit dem zuständigen Gutachterkreis auch an der Konzeption des Forschungsvorhabens mitgewirkt hat.

Allen Beschäftigten dieser Unternehmen und Institutionen, die am Vorhaben mitgewirkt haben, sei an dieser Stelle herzlich gedankt.

Karlsruhe, im Mai 1992

Autoren

Ing.(grad.) Diplom-Psychologe Robert Schneider
Dr. Gunter Lay
Cand.-Wirtschaftsingenieur Ingrid Höcherl
(Fraunhofer-Institut für Systemtechnik und Innovationsforschung (FhG-ISI),
Breslauer Str. 48, 7500 Karlsruhe 1)

Dr.-Ing. Jürgen Kölle
Diplom-Wirtschaftsingenieur Nezih Özkan
(IFAO Industrie-Consulting GmbH, Bunsenstr. 22, 7500 Karlsruhe 1)

Diplomverw.-Wiss. Renate Winter-Hoss
(Gesellschaft für Arbeitsschutz- und Humanisierungsforschung mbh (GfAH),
Brückstr. 21, 4600 Dortmund 1)

Dr.-Ing. Hans Eberhard Frank (Geschäftsführung)
Diplom-Ingenieur (FH) Bernd Gaetsch
Refa-Ingenieur Georg Malecki
Karl-Heinz Heinze (Betriebsratsvorsitzender)
(Klöckner Ferromatik Desma GmbH (KFD), 7831 Malterdingen)

Dr.-Ing. Norbert Noerenberg
Hans-Jürgen Tehler
(Klöckner Technologie-Entwicklung GmbH (KTE), Klöcknerstr. 30,
4504 Georgsmarienhütte)

Aufgrund der kooperativen Vorgehensweise im Projekt sind die beschriebenen
Ergebnisse nicht einzelnen Autoren zuzuordnen. Trotzdem lassen sich aufgrund
der Arbeitsteilung zwischen den Projektpartnern folgende Schwerpunkte
benennen:

Kapitel 1:	FhG-ISI (Schneider, R. u.a.)
Kapitel 2:	FhG-ISI (Schneider, R.)
Abschnitt 3.1:	FhG-ISI (Schneider, R.)
Abschnitt 3.2:	IFAO, KFD (Kölle, J. u.a.)
Abschnitt 3.3:	FhG-ISI, KFD (Schneider, R. u.a.)
Abschnitt 3.4:	FhG-ISI, IFAO, KFD, KTE (Schneider, R. u.a.)
Abschnitt 3.5:	FhG-ISI, IFAO, KFD, KTE (Schneider, R. u.a.)

Abschnitt 3.6:   KFD, FhG-ISI, IFAO, GfAH (Gaetsch, B. u.a.)
Abschnitt 3.7.1:   GfAH, KFD (Winter-Hoss, R. u.a.)
Abschnitt 3.7.2:   FhG-ISI, KFD (Schneider, R. u.a.)
Abschnitt 4.1:   GfAH (Winter-Hoss, R.)
Abschnitt 4.2:   KTE (Noerenberg, N., Tehler, H.-J.)
Abschnitt 4.3.1:   KFD (Frank, H.E.)
Abschnitt 4.3.2:   KFD (Heinze, K.-H.)

Inhalt

1 Einleitung 1
1.1 Zielsetzung und Anforderungen einer CIM-Rahmenplanung .. 1
1.2 Definition von CIM 6
1.3 Integrationspotentiale und Integrationskonzept 9
1.4 Der "Faktor Mensch" in der CIM-Planung 11

2 Akteure im Planungsprozeß 14

3 Planungsschritte 19
3.1 Überblick über die Planungsmodule 19
3.2 Ermitteln technischer Integrationspotentiale (Modul 1) 24
3.2.1 Analyse der Aufgabenbereiche: Erhebungsbögen 25
3.2.2 Analyse der Aufgabenbereiche: Interviews mit den
Fachabteilungen 30
3.2.3 Analyse der Vorgangsketten 31
3.2.4 Definition technischer Integrationspotentiale 34
3.3 Ermitteln organisatorischer Integrationspotentiale (Modul 2) .. 37
3.3.1 Ermitteln organisatorischer Integrationspotentiale
(Erhebungsbögen) 38
3.3.2 Ermitteln organisatorischer Integrationspotentiale
(Interviews) 42
3.3.3 Analyse von Vorgangsketten 44
3.3.4 Ermitteln organisatorischer Integrationspotentiale 46
3.4 Ermitteln von Faktoren zur Gewichtung der Integrationspotentiale (Modul 3) 48
3.4.1 Unternehmensziele und Wettbewerbsfaktoren 49
3.4.2 Aufbereiten von Wettbewerbsfaktoren zu Gewichtungsfaktoren 49
3.5 Bewerten der Integrationspotentiale (Modul 4) 52
3.5.1 Unternehmensziele und Integrationspotentiale 52
3.5.2 Gewichten und Aufbereiten der Bewertungen 53
3.6 Erarbeiten von CIM-Rahmenkonzepten (Modul 5) 57
3.6.1 Strukturieren der Integrationspotentiale 57
3.6.2 CIM-Rahmenplanung zur Erschließung der Integrationspotentiale 58
3.7 Bewerten der CIM-Rahmenkonzepte (Modul 6) 60
3.7.1 Bewerten nach Humankriterien 60
3.7.2 Bewerten nach Wirtschaftlichkeitskriterien 66

4 Die Planungsmethodik: Rückblick und Ausblick 80
  4.1   Arbeitswissenschaftliche Aspekte 80
  4.2   Übertragbarkeitsaspekte 84
  4.3   Resümee des Pilotunternehmens 90
  4.3.1 Die Geschäftsführung 90
  4.3.2 Der Betriebsrat 91

5 Literatur 93

6 Anhang 99

7 Sachwortverzeichnis 108

1 Einleitung

1.1 Zielsetzung und Anforderungen einer CIM-Rahmenplanung

Die Planung und Realisierung von rechnerintegrierten Produktionsstrukturen unterscheidet sich grundlegend von den Planungs- und Bewertungsschritten, die bei der Einführung von Produktionstechniken bislang sinnvoll und ausreichend waren. Ursächlich hierfür sind:

- Bei CIM handelt es sich um Maßnahmen, die bereichs- und abteilungsübergreifend geplant und optimiert werden müssen.

- Reorganisations- und Investitionsmaßnahmen sind bei CIM miteinander zu verbinden. Neben klassischer Investitionsplanung ist die CIM-Planung Organisations- und Personalentwicklungsplanung.

- Die Ergebnisse von CIM-Planungen sind nicht in einem Schritt zu realisieren. Einzelmaßnahmen sind in ein zu entwickelndes Gesamtkonzept einzubetten und in diesem Gesamtkonzept zu bewerten.

- Bei der Planung von CIM sind aufgrund des integrativen Charakters potentielle Wirkungen auch in vordergründig nicht "betroffenen" Bereichen wahrscheinlich und zu antizipieren.

- Die strategische Orientierung von CIM erfordert es, langfristige Anforderungen an das Unternehmen zu prognostizieren und zum Ausgangspunkt der CIM-Planungen zu machen. Diese Orientierung macht es ebenso notwendig, bei der Nutzenbewertung auch Nutzengrößen zu berücksichtigen, die erst mittelfristig wirksam werden oder die sich einer klassischen monetären Bewertung bisher instrumentell entziehen.

Diese und weitere Gesichtspunkte lassen erwarten, daß in Unternehmen ablaufende Planungen auf dem Wege zu CIM nur dann erfolgreich sein können, wenn sie diese Anforderungen so umsetzen, daß
- die eingesetzten Planungsinstrumente den neuen Notwendigkeiten gerecht werden,
- die Planungsressourcen intensiviert werden,
- die Dauer der Planungsprozesse ausgeweitet und
- ggf. unternehmensexternes Know-how in die Planungen eingebunden wird.

Bei der Analyse laufender CIM-Planungen in Unternehmen ergibt sich hinsichtlich dieser Punkte jedoch folgendes Bild (vgl. *Lay* 1992):

Die Notwendigkeit, mit neuen Planungshilfsmitteln an CIM herangehen zu müssen, wird von den Unternehmen mehrheitlich noch nicht geteilt. Lediglich ein Drittel der Unternehmen setzt im Vergleich zu konventionellen Planungen im CIM-Projekt Planungsinstrumente ein, die höheren Anforderungen genügen. Auch bei der Intensivierung des Einsatzes von Planungsressourcen schlägt die vielfach geforderte neue Qualität für CIM-Planungen nur teilweise durch. So setzt lediglich die Hälfte der Unternehmen, verglichen mit anderen Vorhaben, für die CIM-Planungen mehr Personal und Mittel ein. Eindeutiger ist das Bild bei der Dauer des Planungsprozesses. Hier gehen drei Viertel der Unternehmen von einer längeren Planungsdauer aus. Auch beim Hinzuziehen externen Know-hows berichten die Unternehmen mehrheitlich von Unterschieden zwischen ihrer CIM-Planung und konventionellen Investitionen. Etwa zwei Drittel der Firmen hielten es für nützlich, eine umfassendere Beteiligung externer Berater vorzusehen.

Ein Hauptziel der Intergration DV-gestützter Produktionsaufgaben verschiedener Fachabteilungen mittelständischer Maschinenbauunternehmen ist es, die bereichsspezifischen DV-Anwendungen verstärkt aufeinander abzustimmen und mit langfristigen Unternehmenszielen in Einklang zu bringen. Insbesondere mittelständische Maschinenbauunternehmen, aber auch Sonderfertigungsbereiche großer Unternehmen der Automobil- und Elektroindustrie stehen unter einem vom Markt erzeugten Druck nach zunehmend kundenspezifischeren Produkten. Dies bedeutet, daß technische Innovationen der Produktion nicht zu Lasten der Produktionsflexibilität gehen dürfen.

Hohe Produktionsflexibilität wird traditionell vor allem durch qualifizierte Beschäftigte gewährleistet. Dies gilt insbesondere für mittelständische Unternehmen. Deren Marktchancen sind häufig gerade dadurch gegeben, daß sehr schnell - ohne größere produktionstechnische Umstellungen - auf neue Kundenwünsche eingegangen werden kann. Qualifizierte Beschäftigte und qualifizierende, anspruchsvolle Arbeitstätigkeiten bedingen einander. Die Gestaltung neuer Produktionsbedingungen durch Anwendung moderner Produktionstechnologien darf demnach nicht primär nur Technikgestaltung sein. Vielmehr muß die qualifizierte Arbeitstätigkeit der Beschäftigten ebenfalls Planungsgegenstand sein. Produktionstechnik, Organisation und Arbeitstätigkeit hängen in vielfacher Weise voneinander ab und müssen "im Zusammenhang" gestaltet werden. Wenn in der Planung neuer Produktionsmethoden nur einer dieser Aspekte betrachtet wird, wird die Planung dadurch nur vordergründig "vereinfacht". Die Folgen in und für die jeweils anderen Betrachtungsdimensionen sind dann lediglich verdeckt und treten spätestens in der Realisierung z.B. als "Akzeptanzproblem" oder "Sachzwang" hervor. Eine zu geringe Beachtung der Zusammenhänge zwischen technisch-organisatorischen Festlegungen und qualifizierten Arbeitstätigkeiten kann in der Realisierung zu neuen, ungewollten Arbeitsteiligkeiten führen, die für eine Vielzahl von Beschäftigten mittel- und langfristig eine Dequalifizierung bedeuten. Auch ein Auseinanderklaffen von Kompetenz und Verantwortung ist zu befürchten.

Qualifizierte Beschäftigte verfügen über Wissen, Fertigkeiten und Fähigkeiten, die wichtige Produktionsressourcen darstellen. Auch Wissen, Fertigkeiten und Fähigkeiten, die scheinbar für die Arbeit nicht erforderlich sind, werden eingesetzt (z.B. soziale Kompetenz bei der "informellen" Abstimmung der Arbeit mit Kollegen usw.). Dies gilt auch für das "Engagement", das sich aus Einstellungen, Werten und Motiven herleitet (vgl. z.B. *Duell/Frei* 1985). Eine Beteiligung der Beschäftigten an der Planung und Gestaltung der Produktionssituation, somit auch ihrer eigenen Arbeitstätigkeit, entspricht vor diesem Hintergrund nicht nur den Vorstellungen einer humanen Arbeitsgestaltung, sondern erschließt und sichert qualifizierende Arbeitstätigkeiten als vor allem für mittelständische Unternehmen wesentliche Produktionsressourcen.

Der Begriff Computer Integrated Manufacturing (CIM), unter dem in der Produktionstechnik der Gedanke der informatorischen Integration verschiedener Produktionsaktivitäten diskutiert wird, darf sich somit nicht nur auf die EDV-technischen Kopplungen verschiedener DV-Insellösungen bzw. auf die Integration verschiedener DV-technischer Funktionen begrenzen. CIM muß vielmehr aus Anwendersicht als technische *und* organisatorische Integration verschiedener Betriebsbereiche vor dem Hintergrund und mit Hilfe der DV-technischen Möglichkeiten zur Unterstützung der in der Produktion tätigen Menschen verstanden werden. Organisatorische Maßnahmen bzw. Veränderungen stehen gleichberechtigt neben DV-technischen. Ziel ist es, die Qualifikation der Beschäftigten und damit die Innovationskraft des Betriebes zu sichern und zu steigern.

Dies bedeutet eine Sichtweise von CIM, die über die im Begriff durch das "C" nahegelegte rein technische Vernetzung von Computerinseln weit hinausweist. Der in diesem Buch zugrunde gelegte Integrationsbegriff wird deshalb im folgenden näher erläutert.

Bei der Einführung neuer Techniken in und für eng umgrenzte Unternehmensbereiche waren die organisatorischen und tätigkeitsverändernden Aspekte bisher noch weitestgehend eben diesen Unternehmensbereichen zuzuordnen. Bei der Planung der Integration computergestützter Aufgaben der gesamten Produktion ist dies nicht mehr der Fall. Eine derartige Technologie wird bereichsübergreifend konzipiert und wirkt auch bereichsübergreifend. Die Integration rechnergestützter Produktionsaufgaben erfordert somit eine Planung, die einerseits in allen Planungsphasen die Aspekte Produktionstechnik, Arbeitsorganisation und Arbeitstätigkeit im Zusammenhang berücksichtigt und andererseits direkte und indirekte Anforderungs- und Wirkungsaspekte *bereichsübergreifend* betrachtet. Die Komplexität dieser Planungsaufgabe erfordert eine Vorgehensweise, die rasch zu einer Fokussierung auf wichtige "CIM-Potentiale" hinführt.

Wie Analysen zu CIM-Projekten in der Bundesrepublik Deutschland (vgl. *Dreher* 1990, *Lay* 1992) zeigten, ist die Analyse der wirtschaftlichen Ziele, die Unternehmen mit der Einführung der CIM-Vorhaben verbinden, schwieriger als erwartet. Bei der direkten Frage nach den wirtschaftlichen Zielen des CIM-Vorhabens in den Unternehmen werden von Unternehmensseite oft stereotype Allgemeinplätze formuliert oder die Verbindung von Detailaufgaben ("X soll auf Y zugreifen", "A soll nach B übergeben werden") als wirtschaftliche CIM-Ziele bezeichnet. Gerade im letzteren Fall ist es häufig schwierig herauszuarbeiten, welche Beiträge zu den strategischen Unternehmenszielen damit verbunden sind.

Beim Versuch der näheren Differenzierung ergeben sich die folgenden Zielschwerpunkte: Etwa ein Viertel der Unternehmen stellt die Personalkostenreduzierung in den Vordergrund. Das CIM-Vorhaben soll als Rationalisierungsmaßnahme bei meist beizubehaltendem Personalstand den Output erhöhen. Diesen Zielschwerpunkt haben vor allem mittlere und größere Unternehmen. Vom Problemprofil her sind es meist Unternehmen, die mit der Bewältigung der Nachfrage beschäftigt sind. Etwa ein Sechstel der Unternehmen strebt Ziele an, die unter dem Begriff der Durchlaufzeitverkürzung subsumierbar sind. Als weitere Ziele der Unternehmen spielen die Verbesserung der Produktionsplanung zur Optimierung der Nutzung vorhandener Fertigungskapazitäten und die Reduzierung der Kapitalkosten durch bessere Materialwirtschaft eine Rolle. Erwähnt werden weiterhin Ziele wie Liefertreue, Qualitätssicherung oder Verbesserung der Angebotserstellung. Trotz intensiver Nachfragen bleibt bei einem Viertel der Unternehmen unklar, welche Motive und welche Ziele das Unternehmen mit der Inangriffnahme des CIM-Vorhabens wirtschaftlich verfolgt.

Beim individuellen Abgleich der Problemprofile der Unternehmen mit den Zielsetzungen der CIM-Vorhaben in den Unternehmen zeigt sich, daß nur knapp mehr als die Hälfte die von ihnen selbst formulierten strategischen Unternehmensziele oder -probleme mit ihrem CIM-Vorhaben zielgerichtet angehen. Bei einem Sechstel der Unternehmen wird diese Überdeckung zwischen CIM-Ziel und prioritärem Handlungsbedarf nur teilweise erreicht. Bei einem Drittel der Unternehmen geht die Zielsetzung der CIM-Vorhaben an dem eigentlichen, in der Regel selbst formulierten prioritären Handlungsbedarf, vorbei.

Beim Planen und Realisieren von CIM-Vorhaben lassen sich idealtypisch zwei gegeneinander abgrenzbare alternative Herangehensweisen an CIM charakterisieren:

- Zum einen existiert ein eher technikorientiertes CIM-Verständnis. Danach sind Ausgangspunkt der CIM-Planungen die Konzeption von DV-Netzen, von Rechnerarchitekturen und ein Realisieren von Schnittstellen zwischen Hard- und Software. Organisatorische und qualifikatorische Maßnahmen sind als Anpassung an die geplanten und realisierten technischen Konzepte zu verstehen.

- Im Gegensatz dazu steht ein eher organisationsorientiertes CIM-Verständnis. Dabei steht an erster Stelle der Planungen, die organisatorischen Strukturen und Abläufe zu durchleuchten. Das Optimieren dieser Strukturen und Abläufe durch Reorganisationsmaßnahmen hat zum Ziel, dem veränderten Unternehmensumfeld Rechnung zu tragen. Auch in diesem CIM-Verständnis kommt der Technik ein hoher Stellenwert zu. Die Technikplanung konzentriert sich jedoch auf die Unterstützung neu geschaffener organisatorischer Strukturen, die den gewandelten Anforderungen an die Betriebe und den veränderten technischen Möglichkeiten gerecht werden.

Obwohl in allen einschlägigen Veranstaltungen darauf hingewiesen wird, daß es beim Realisieren von CIM nicht nur um die Einrichtung von Kommunikationsnetzen und Rechnerkopplungen gehe, sondern vor allem auch um die Integration von Arbeitsprozessen und das Schaffen von neuen ganzheitlichen Arbeitsvollzügen, findet sich in den Unternehmen bisher dieses Primat von Reorganisationsmaßnahmen gegenüber einem eher technisch geprägten CIM-Verständnis lediglich in etwa einem Drittel der Projekte. In der überwiegenden Mehrzahl der CIM-Vorhaben prägt ein CIM-Verständnis die Planungs- und Realisierungsprozesse, das eher dem oben skizzierten technikorientierten Ansatz entspricht.

Es zeigt sich, daß das CIM-Verständnis unabhängig ist von der Unternehmensgröße, der Ertragslage, der Vorerfahrung mit vernetzten Systemen wie auch der Zusammensetzung der Projektteams. Weiterhin ist deutlich, daß bei einem organisationsorientierten CIM-Verständnis eine hohe Wahrscheinlichkeit besteht, daß die in der CIM-Planung verfolgten Ziele nicht an den zentralen Unternehmensengpässen vorbeigehen.

1.2 Definition von CIM

Um Anwendern, Herstellern und Beratern zu Beginn der CIM-Diskussion eine Richtlinie an die Hand zu geben, erarbeitete ein Arbeitskreis des Ausschusses für wirtschaftliche Fertigung e.V. (AWF) eine 1985 veröffentlichte Empfehlung für die Begriffsverwendung von CIM. Es heißt dort: "CIM beschreibt den integrierten EDV-Einsatz in allen mit der Produktion zusammenhängenden Betriebsbereichen. CIM umfaßt das informationstechnologische Zusammenwirken zwischen CAD, CAP, CAM, CAQ und PPS. Hierbei soll die Integration der technischen und organisatorischen Funktionen zur Produkterstellung erreicht werden. Dies bedingt die gemeinsame, bereichsübergreifende Nutzung einer Datenbasis" (AWF, 1985, S. 10), <u>Bild 1</u>.

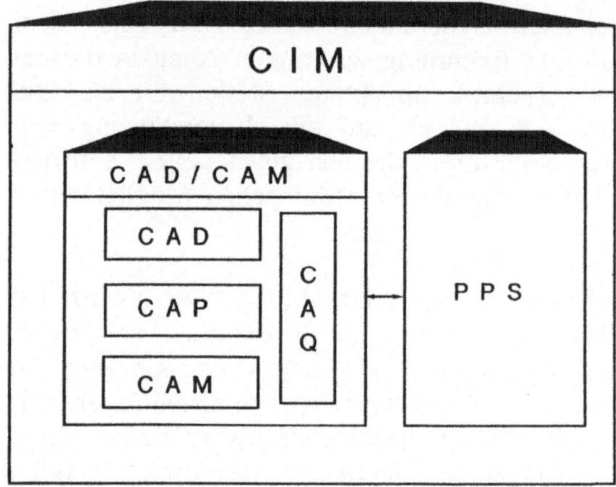

Bild 1: CIM-Definition des AWF

Die verwendeten Kürzel CAD, CAP, CAM, CAQ und PPS stehen dabei jeweils für die DV-technische Unterstützung verschiedener betrieblicher Funktionsbereiche:

- Konstruktion (Computer Aided Design),
- Arbeitsplanung (Computer Aided Planning),
- Fertigung (Computer Aided Manufacturing),
- Qualitätswesen (Computer Aided Quality Assurance) und
- Produktionsplanung und -Steuerung (Produktionsplanungssystem).

Die Definition ist sehr stark auf den technischen Integrationsaspekt ausgerichtet. Es wird zwar auf die Integration DV-technisch unterstützter organisatorischer Funktionen hingewiesen, nicht jedoch auf im Zuge einer CIM-Planung auch denkbare organisatorische Integrationen im Sinne einer Neuverteilung von Aufgabenzuordnungen zu Personen, die durch die neuen DV-technischen Möglichkeiten und Anforderungen evtl. sinnvoll werden. Eine derartige Reduzierung auf technische Integrationen war für den damaligen Zeitpunkt, als vor allem auch *Hersteller* von CIM-Komponenten angesprochen werden sollten, ihre Technik in Richtung Vernetzung einzelner Bausteine weiterzuentwickeln, sehr nützlich. Für *Anwender* von CIM greift diese Sichtweise jedoch zu kurz. Darauf wird z.B. bei *Scheer* (1987, S. 4/6) hingewiesen, der dem "I" in CIM zweierlei Bedeutung beimißt. Zum einen bedeutet es ihm die datentechnische Integration von Teilfunktionen einer Vorgangskette, zum anderen aber auch die Möglichkeit, solche Teilfunktionen innerhalb einer Vorgangskette wieder stärker zu reintegrieren, indem die Arbeitsteilung zwischen den Beschäftigten reduziert wird.

Wie die in Bild 1 gezeigte CIM-Definition des AWF durch die Aufteilung in die zwei Blöcke "CAD/CAM" und "PPS" andeutet, unterscheidet auch *Scheer* deutlich zwischen der DV-technischen Unterstützung produktionstechnologischer Funktionen (CAD/CAM) und der Unterstützung betriebswirtschaftlichplanerischer (ablauforganisatorischer) Funktionen, also PPS, <u>Bild 2</u> .Die Art der Darstellung verweist auf den Umstand, daß die Zusammenhänge und Wechselwirkungen zwischen diesen beiden Funktionsketten um so größer sind, je mehr die Planungen in die Realisierungsphase übergehen. *Scheer* (1987, S.3) definiert CIM als "die integrierte Informationsverarbeitung für betriebswirtschaftliche und technische Aufgaben eines Industriebetriebs". Diese Definition läßt somit offen, ob die Integration der Informationsverarbeitung durch datentechnische Integration oder aber durch Reintegration von Teilaufgaben (Reduzierung der Arbeitsteilung) erreicht werden kann.

In einer vom Kernforschungszentrum Karlsruhe GmbH, Projektträger Fertigungstechnik, herausgegebenenen Broschüre wird CIM definiert als ein "firmenspezifisches, organisatorisches, personalpolitisches und technisches Gesamtkonzept für eine Fabrik (oder einen Fabrikteil), um alle betrieblichen Aktivitäten informationsmäßig zu verknüpfen mit dem Ziel, schneller, besser und billiger zu produzieren. So können beispielsweise Vertrieb, Konstruktion, Planung und Produktion 'hautnah' kooperieren und auf Kundenwünsche schnell und flexibel reagieren" (Kernforschungszentrum Karlsruhe GmbH, 1988, S. 7).

In dieser Definition wird betont, daß CIM nicht als rein technische Zusammenkoppelung von CA-(Computer Aided)-Komponenten aufzufassen ist, sondern als Gesamtkonzept für die Integration betrieblicher Aktivitäten, das sowohl technische als auch organisatorische und personelle Dimensionen

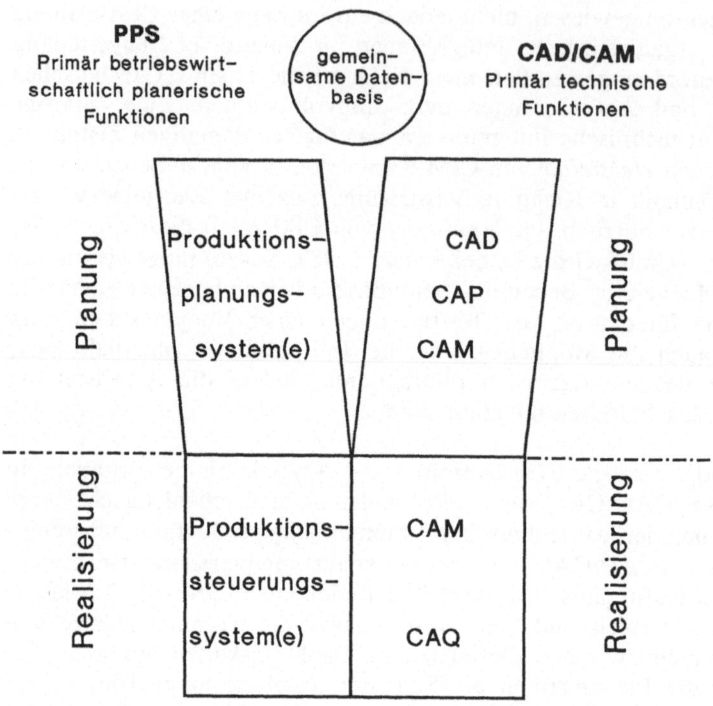

Bild 2: Informationssysteme im Produktionsbereich (nach Scheer, 1987)

umfaßt. Gleichzeitig verweist diese Definition auf die Zielgruppe potentiell besonders stark von CIM-Erwartungen betroffener Unternehmen innerhalb der fertigungstechnischen Industrie, nämlich auf Unternehmen, die schnell und flexibel auf Kundenwünsche reagieren müssen.

Diese Definition macht zudem deutlich, daß CIM-Lösungen nicht "von der Stange" gekauft werden können, sondern daß sie jeweils firmenspezifisch zu entwickeln sind. Außerdem wird empfohlen, Organisation und Technik so zu gestalten, daß eine möglichst geringe Arbeitsteilung erreicht wird, um die Informationsflüsse zu vereinfachen und damit die Flexibilität zu erhöhen.

Ein derartiges CIM-Verständnis kommt den Anforderungen von Anwender-unternehmen entgegen und wird deshalb im auch hier vorgestellten Planungs-verfahren zugrunde gelegt. Es betont die Bedeutung der integrierten Planung von Organisation, personalen Aspekten und Technik sowie die Notwendigkeit, eine CIM-Planung im unternehmensstrategischen Rahmen zu sehen.

Das hier beschriebene Planungsverfahren führt folgerichtig von einer Analyse und strategischen Bewertung von Integrationspotentialen der produktionswichtigen Bereiche des Unternehmens hin zur Entwicklung von umsetzungsnahen, in ihren organisatorisch-technisch-personalen Aspekten bewerteten Integrationskonzepten.

Um den Planungsaufwand auf ein ökonomisch sinnvolles Maß zu begrenzen, werden in Selektionsschritten die für das Unternehmen strategisch wichtigen Integrationspotentiale ermittelt. Während in dieser Phase der Analyse von Integrationspotentialen alle produzierenden Bereiche des Unternehmens betrachtet werden, erfolgt die Ausarbeitung der Integrationskonzepte und ihre Bewertung nach Wirtschaftlichkeit sowie nach Humankriterien nur für die einzelnen ausgewählten Vorgangsketten. Vorgangsketten sind in Anlehnung an den Begriff Verfahrensketten definiert. Verfahrensketten sind CIM-Teillösungen, die sich dadurch auszeichnen, "daß sie ... bereits vor der vollständigen Realisierung eines langfristig geplanten Gesamtkonzepts datentechnische Verknüpfungen zwischen unterschiedlichen Betriebsbereichen erlauben, sich aber auch nahtlos in ein zu realisierendes Gesamtkonzept einfügen" (*Schabert*, 1989, S. 582). Während Verfahrensketten somit auf die DV-technischen Aspekte der Verkettung von Vorgängen abheben, werden unter *Vorgangsketten* wichtige betriebliche Abläufe verstanden, die über verschiedene Abteilungen hinweg sowohl in ihrer technischen als auch organisatorischen und personalen Dimension beschrieben und als informatorische Regelkreise gestaltet sind (vgl. z.B. auch *Scheer*, 1987, S. 6ff). Die vorgestellten Bewertungsverfahren nach Human- und Wirtschaftlichkeitskriterien sind auf solche Vorgangsketten anwendbar.

1.3 Integrationspotentiale und Integrationskonzept

In Abschnitt 1.2 wurde ein CIM-Begriff entwickelt, der die Integration betrieblicher Aufgaben mit Hilfe technischer und/oder organisatorischer Mittel herausstellt. Durch diese nicht nur DV-technische Betrachtung kommen Anwendergesichtspunkte deutlicher zum Tragen. Dies schlägt sich auch in den Definitionen dazu nieder, was aus Anwendersicht als Integrationspotential und als Integrationskonzept gelten kann:

Integrationspotentiale zeigen sich einerseits in nicht ausgeschöpften DV-technischen Möglichkeiten zur Produktionsunterstützung. Aber auch organisatorische Möglichkeiten einer Integration von Teilaufgaben (z.B. Verringern der Arbeitsteilung) sind als Integrationspotentiale anzusehen. Technische und organisatorische Potentiale sind wechselseitig voneinander abhängig. Organisatorische Potentiale lassen sich teilweise nur realisieren, wenn geeignete technische Unterstützungen gegeben sind. Die Ausschöpfung eines organisatorischen Potentials erfordert teilweise Anpassungen und Weiterentwicklungen marktgängiger "CA-Komponenten" (z.B. CAD-Systeme) an die betrieblichen Erfordernisse. Umgekehrt muß die Ausschöpfung eines DV-technischen Potentials eventuell "erkauft" werden mit organisatorischen Nachteilen. Ein solcher organisatorischer Nachteil kann z.B. darin bestehen, daß durch den Einsatz eines DV-Systems die vor allem für mittelständische Unternehmen kennzeichnenden und wichtigen direkten informellen Kommunikations- und Kooperationsbeziehungen zwischen den Beschäftigten reduziert werden könnten. Eine datentechnische Integration führt in diesem Beispiel unter Umständen zu einer organisatorischen Desintegration der betrieblichen Informationskanäle.

Dieses Beispiel zeigt, daß gegenwärtig vorhandene informatorische Organisationsstrukturen mit integrierendem (bereichsübergreifendem) Charakter somit als bereits realisierte Integrationspotentiale zu verstehen und in einer Ist-Analyse ebenso zu identifizieren sind, wie die derzeit unausgeschöpften Möglichkeiten informatorischer Integrationen. Insbesondere für mittelständische Unternehmen bedeutet dies vermutlich häufig, daß bei geplanten technisch-organisatorischen Veränderungen das "Erhalten direkter formeller und informeller Kommunikations- und Kooperationsbeziehungen" und das "Erhalten geringer Arbeitsteiligkeiten" als Integrationspotentiale definiert und in den späteren Bewertungen und Gewichtungen berücksichtigt werden müssen.

An ein *Integrationskonzept*, das die in Abschnitt 1.1 beschriebenen Zielsetzungen unterstützt, ist die Forderung zu stellen, daß es soweit konkretisiert ist, daß Zusammenhänge zwischen Veränderungen von Technik und Organisation auch in ihren Auswirkungen auf die Arbeitstätigkeiten der Beschäftigten sichtbar werden. Die Gestaltbarkeit der Arbeitsteilung sowie von Kooperationen im Unternehmen - d.h. die Zuordnung betrieblicher Aufgaben und Teilaufgaben zu Personen und zu eng kooperierenden Arbeitsteams - ist eine wichtige Integrationsmöglichkeit. Ein Integrationskonzept muß deshalb soweit konkretisiert sein, daß Alternativen der Arbeitsteilung diskutiert werden können. Es muß schließlich auch soweit ausgearbeitet sein, daß Kosten- und Nutzenabschätzungen angestellt werden können. Auf der anderen Seite muß von einem Integrationskonzept erwartet werden, daß es auf den DV-technischen und organisatorischen Möglichkeiten des gesamten Betriebes aufbaut. Es muß darauf gerichtet sein, die langfristigen Unternehmenszielsetzungen durch Gestaltung ganzer, bereichsübergreifender Vorgangsketten optimal zu unterstützen. Da das zur Bewertung nötige Konkretisieren und Strukturieren der Integrationsmöglichkeiten zu

Integrationskonzepten nicht für alle betrieblichen Vorgangsketten erfolgen kann, muß eine Auswahl der für die Unternehmensziele wichtigen Integrationspotentiale Bestandteil des Planungsverfahrens sein.

Zusammenfassende Definitionen:

Integrationspotentiale sind unausgeschöpfte Möglichkeiten der technischen und/oder organisatorischen Verbesserung betrieblicher Vorgangsketten durch Reduzieren oder Optimieren von informatorischen Übergängen zwischen Teilfunktionen und Teilaufgaben. Ebenso sind gegenwärtig vorhandene informatorische Stärken ebenfalls als (realisierte) Integrationspotentiale zu definieren, die es im Zuge von Veränderungen zu erhalten gilt.

Integrationskonzepte sind Konzepte zum Erschließen unternehmensstrategisch wichtiger Integrationspotentiale unter Einsatz sowohl technischer als auch personeller und organisatorischer Ressourcen. Sie müssen soweit konkretisiert sein, daß Wechselwirkungen zwischen Technik, Organisation und Arbeitstätigkeiten abschätzbar werden. Als Maßstab für die Bewertung der Verbesserung der Produktionsabläufe sind neben Kosten- und Erlöserwartungen vor allem auch strategische Unternehmensziele (Flexibilität, Durchlaufzeitverkürzung, Kundennähe usw.) sowie Möglichkeiten der Verbesserung der Arbeitsbedingungen heranzuziehen. Insbesondere die bewußte Gestaltung der Tätigkeitsprofile nach Aspekten wie ganzheitliche Arbeitstätigkeiten, Flexibilität durch hohes Qualifikationspotential sowie informelle Kommunikations- und Kooperationsmöglichkeiten ist hierbei zu beachten. Die mit den Integrationskonzepten angestrebten Veränderungen sollen auf mehrere Betriebsbereiche gerichtet sein. Damit erhöht sich die Chance, nicht Teilsysteme, sondern übergeordnete Vorgangsketten zu optimieren.

1.4 Der "Faktor Mensch" in der CIM-Planung

Die im Rahmen einer Integrationskonzeption zu beachtenden personalen bzw. tätigkeitsbeschreibenden Aspekte müssen sich einerseits auf den Planungsprozeß selbst richten wie auch andererseits in der Bewertung des Planungsergebnisses zum Ausdruck kommen.

Als Anforderung an die Planungsaufgabe gilt, daß die personalen Aspekte von Anfang an Berücksichtigung finden, also bereits zu einem Planungszeitpunkt, zu dem relativ unstrukturiert und auf einer abstrakten Ebene Integrationspotentiale ermittelt werden. Mit zunehmender Konkretisierung der Planung muß man auch zunehmend konkretere Wirkungsaspekte in der personalen Dimension in die Planung einbeziehen. Eine diesen Zielvorstellungen entsprechende Vorgehensweise bei der Entwicklung einer Integrationskonzeption bedingt eine möglichst weitgehende direkte Beteiligung der von der Planung Betroffenen, die über die kontinuierliche und maßgebliche Beteiligung des Betriebsrats als gesetzmäßigem Vertretungsorgan der Belegschaftsinteressen noch hinausgeht.

Der Personenkreis, der von den Planungen betroffen ist, ist bei einer CIM-Rahmenplanung zunächst potentiell die gesamte Belegschaft. In der auf den gesamten Betrieb gerichteten Anfangsphase der Planungen (Analyse und Auswahl von Integrationspotentialen) ist die direkte Beteiligung *aller* potentiell Betroffenen somit praktisch nicht realisierbar, zumal auch noch nicht feststeht, auf welche Bereiche sich eine konkretisierte Integrationskonzeption richtet. Um so wichtiger ist es, in dieser Phase die Interessen der Beschäftigten aufbauend auf einer groben "Tätigkeitsanalyse" in allgemeiner Form zu definieren und in den Planungsprozeß einzubringen. Hierbei bezieht man sich auf das Konzept der ganzheitlichen Arbeitstätigkeiten. In der Arbeitswissenschaft, insbesondere in der Arbeitspsychologie, sind solche Konzepte vollständiger Tätigkeiten formuliert. Tätigkeiten sind danach hierarchisch-sequentiell strukturiert. Sie bestehen aus Handlungssequenzen, die neben ausführenden auch planende und kontrollierende Bestandteile enthalten und die einen Zielbezug aufweisen. Hierarchisch sind Tätigkeiten hinsichtlich der Ebenen der kognitiven Ausführungsregulation (denkend, wahrnehmend, nicht bewußte Regulation von Vorgängen). Als Quellen unvollständiger Tätigkeitsstrukturen nennen z.B. *Hacker* und *Richter* (1990, S. 129):

- "Aktivitätsmangel (passive Aufgaben),
- Kooperativitätsmangel (einschließlich Unterstützung und Kommunikation),
- Mangel an selbständigen Zielbildungs- und Entscheidungsmöglichkeiten (mit Folge von Verantwortungsmangel),
- Mangel an Denkanforderungen (einschließlich nicht-algorithmischen),
- Mangel an Generalisierungserfordernissen (einschließlich in gesellschaftlichen und Freizeitbereich)".

Vollständige Tätigkeiten sind danach nur gegeben, wenn genügend häufig Aktivitäten möglich sind, Anforderungsvielfalt individueller und kooperativer Art gegeben ist und Tätigkeitsspielraum für Zielstellen und Entscheiden vorhanden ist. Unvollständige Tätigkeitsstrukturen führen z.B. zu psychosomatischen Beschwerden, erhöhtem Krankenstand, Monotonieerleben, fehlender Frische und fehlender Arbeitsfreude etc. (vgl. *Hacker* und *Richter*, 1990, S. 129).

Die Schaffung ganzheitlicher Arbeitstätigkeiten dürfte in unserer arbeitsteiligen Gesellschaft in der Regel mit einer Reduzierung der Arbeitsteiligkeit verbunden sein. Dieses, aus dem arbeitswissenschaftlichen Konzept hergeleitete Interesse der Beschäftigten nach ganzheitlicher Arbeitstätigkeit und die betriebliche Zielsetzung einer Integration von Teilaufgaben durch Reduzieren der Arbeitsteiligkeit ergibt somit in der Regel eine Interessenübereinstimmung des Betriebes mit den Interessen der Beschäftigten: Ganzheitliche Arbeitstätigkeiten, in denen planende, ausführende und kontrollierende Aufgaben "in einer Hand" liegen bilden geschlossene Regelkreise von einer Person zugeordneten Teilaufgaben. Soll-Ist-Abweichungen innerhalb dieser Regelkreise werden schnell und ohne Kommunikationsbarrieren entdeckt und lassen sich häufig ohne Kommunikationsaufwand korrigieren. Qualifizierungsrelevante Arbeitstätigkeiten, die Erfahrungen, das Wissen und das Können der Beschäftigten fördern und weitestgehend nutzen sowie informelle Kommunikations- und Kooperationsstrukturen im Betrieb, erlauben ein effizientes und unbürokratisches Arbeiten und schnelle Anpassungen an die sich ständig wechselnden Produktionsanforderungen. Ganzheitliche Arbeitstätigkeiten dienen der Vereinfachung der erforderlichen DV-technischen Informationsspeicherung und -verarbeitung und entsprechen gleichzeitig den Vorstellungen der Arbeitswissenschaft von menschengerechter Arbeitsgestaltung. In Abschnitt 3.3 "Ermitteln von organisatorischen Integrationspotentialen" wird gezeigt, wie solche Gestaltungsaspekte bereits in den ersten Planungsphasen im Sinne der Beschäftigten und des Betriebes zum Tragen kommen können. Gestaltungskriterien, die zur Bewertung der erwarteten Wirkungen eines Integrationskonzeptes auf die Beschäftigten heranzuziehen sind, werden im Abschnitt 3.7.1 "Bewerten nach Humankriterien" aufgezeigt. Dieses ausdifferenzierte Bewertungsraster wird nicht nur auf das Planungsergebnis, sondern auch auf den bis dahin absolvierten Planungsprozeß selbst angewandt.

2 Akteure im Planungsprozeß

Die folgenden Empfehlungen basieren auf den Erfahrungen, die in dem im Vorwort beschriebenen Pilotvorhaben gewonnen wurden.

Ein CIM-Planungsvorhaben sollte grundsätzlich als Technologiemanagement-Projekt abgewickelt werden. Zu Beginn des Planungsvorhabens zur Integration rechnergestützter Arbeitstätigkeiten ist ein Projektlenkungsgremium zu installieren, das über die gesamte Projektlaufzeit von mehreren Monaten die Aktivitäten im Projekt kontrolliert und steuert.

Mitglieder dieses Lenkungsgremiums sollten sein

- der (technische) Geschäftsführer des Betriebes,
- ein Delegierter des Betriebsrats,
- die Leiter der Fachabteilungen Konstruktion, Fertigung, Arbeitsvorbereitung, Vertrieb
- ein Beschäftigter des Unternehmens, der mit Organisations-/DV-Projekten betraut ist,
- externe Berater bzw. Moderatoren mit DV-technischen, betriebswirtschaftlichen und arbeitswissenschaftlichen Fachkenntnissen.

Es ist äußerst wichtig, auch die Leitung des Vertriebs in das Lenkungsgremium zu integrieren. Dadurch können Interessengegensätze aus der Sicht "nach innen in den Betrieb" und "nach außen auf den Kundenmarkt" thematisiert werden. Viele Interessengegensätze, z.B. in der Auftragsterminierung, müssen insbesondere zwischen Vertrieb und Produktion ausgeglichen werden.

Die Leitung des Planungsprozesses sollte einem der Fachabteilungsleiter übertragen werden, um zu dokumentieren, daß das Unternehmen selbst die Ergebnisverantwortung trägt und nicht etwaige betriebsexterne Berater. Der Leiter der Arbeitsvorbereitungsabteilung bietet sich hierfür durch die zentrale Stellung dieser Planungsabteilung zwischen Vertrieb, Konstruktion, Produktion und Einkauf sowie Lagerwesen an.

Die Vor- und Nachbereitung der Sitzungen dieses Lenkungsgremiums sowie die Moderation der Sitzungen kann abwechselnd durch die betriebsinternen Mitglieder des Lenkungsgremiums und durch die externen Berater erfolgen. Die Moderation durch externe Berater ist vor allem dann sinnvoll, wenn einzelne Planungsabschnitte bewußt die Interessengegensätze verschiedener Fachabteilungen zur Diskussion stellen und damit eine neutrale Moderation durch einen Fachabteilungsvertreter nicht gewährleistet werden kann. Allerdings kann man in Phasen, in denen die externen Berater ihr Fachwissen in den Planungsprozeß einbringen, von diesen ebenfalls keine Neutralität erwarten.

Das Projektlenkungsgremium sollte mindestens einmal im Monat während der Planungslaufzeit zusammenkommen. Aufgabe des Lenkungsgremiums ist es, die erforderlichen Aktivitäten des Planungsprozesses zu initiieren und die erforderlichen Arbeiten so zu delegieren, daß die vermutlich direkt von den Planungen Betroffenen mit in den Planungsprozeß eingeschaltet werden. Die Mitglieder des Lenkungsgremiums müssen außerdem sicherstellen, daß die Planungskontinuität beim Einsatz personell unterschiedlich zusammengesetzter temporärer Arbeitsgruppen zur Bearbeitung von Teilfragestellungen erhalten bleibt. Dies kann so geschehen, daß sich einzelne Mitglieder des Gremiums direkt in solche Arbeitsgruppen mit einschalten.

Weitere Aufgaben des Lenkungsgremiums ergeben sich bei der Planung der Integration rechnergestützter Arbeitstätigkeiten dadurch, daß auch die betrieblichen Aufgaben der Mitglieder des Lenkungsgremiums Planungsgegenstand sind. Die Mitglieder des Lenkungsgremiums sind somit eventuell selbst von Veränderungen direkt betroffen, so daß in einigen Lenkungsgremiumssitzungen neben Lenkungsaufgaben auch konkrete Planungsaufgaben im Sinne einer Planungs- bzw. Arbeitsgruppe durchzuführen sind. Das Projektlenkungsgremium *muß* somit aus leitenden Mitarbeitern zusammengesetzt sein. Wie wichtig eine aktive Beteiligung der Geschäftsführung ist, wird hier ebenfalls deutlich. Aufgaben, die in diesem Gremium neben Lenkungs- und Kontrollaufgaben bearbeitet werden, sind z.B. die Diskussion der Unternehmenszielsetzungen und die daraus ableitbaren, für eine Gewichtung der Integrationspotentiale zu verwendenden Wettbewerbsfaktoren und die Bewertung der erarbeiteten Alternativen eines Integrationskonzeptes nach Humankriterien und nach Wirtschaftlichkeitsaspekten. Als weitere Arbeitsaufgabe, die direkt das Planungsgremium bearbeiten sollte, ist die Analyse von organisatorischen Abläufen (Vorgangsketten) zu nennen. Bei diesen Planungs- und Arbeitsphasen der Lenkungsgremiumssitzungen ist darauf zu achten, daß ggf. weitere Abteilungsleiter und Fachabteilungsvertreter sowie eventuell weitere externe Berater (dem jeweiligen Planungsthema angemessen) hinzugezogen werden. Die Moderation sowie die Vor- und Nachbereitung der Sitzungen des Lenkungsgremiums und der Arbeitsgruppen können weitestgehend die betriebsexternen Planungsbeteiligten leisten.

Soweit einzelne Produktionsabteilungen nicht im Projektlenkungsgremium vertreten sind, müssen deren Interessen in der Ist-Analysephase durch geeignete Maßnahmen berücksichtigt werden. Es empfiehlt sich, die

Integrationsinteressen solcher Fachabteilungen in Gesprächen zwischen geeigneten Repräsentanten dieser Abteilungen und den externen Beratern zu ermitteln. Die externen Berater sollten diese Interessen im Lenkungsgremium vertreten. Die Abteilungen sind stets über den Planungsstand zu informieren.

Die Bildung von Arbeitskreisen bzw. Arbeitsgruppen, in denen neben Abteilungsleitern und Planungsexperten weitere Beschäftigte aus Fachabteilungen beteiligt werden können, ist spätestens zu einem Planungszeitpunkt sinnvoll, wenn auf der Grundlage von gewichteten, in Ist-Analysen ermittelten Integrationspotentialen die Integrationskonzeption erarbeitet werden (vgl. Abschnitt 3.6). Zu empfehlen ist die Bildung von Arbeitsgruppen aber bereits vorher zu dem Zeitpunkt, zu dem die von den Mitgliedern der Lenkungsgruppe aus den Ist-Analysen heraus definierten Integrationspotentiale anhand von Wettbewerbsfaktoren zu bewerten sind. Um die Interessen verschiedener Unternehmensbereiche nicht zu verwischen, sollten hierzu mehrere Gruppen gebildet werden, in denen jeweils entweder Vertreter der Planungsabteilungen (Arbeitsvorbereitung), der Produktionsabteilung oder der Vertriebsabteilung vertreten sind. Für diese Auswahlaufgabe sowie für die Aufgabe der Strukturierung der Integrationspotentiale zu Integrationskonzepten sollten Arbeitsgruppen gebildet werden, die aus Mitgliedern des Projektlenkungsgremiums und weiteren Beschäftigten des Betriebes bestehen. Zu empfehlen ist die Moderation der Arbeitsgruppen durch betriebsinterne, diejenige der Bewertungsgruppen durch betriebsexterne Mitglieder des Projektlenkungsgremiums. Dies ermöglicht zielgerichtetes Arbeiten und einen direkten Informationsaustausch zwischen den temporären und kontinuierlich beteiligten Planungsgruppen und vermeidet bei den Auswahlentscheidungen einen zu starken Einfluß betrieblicher Machtstrukturen, der zur Verdeckung von Interessengegensätzen führen könnte.

Beteiligung Betroffener:

Die Empfehlung bei betrieblichen Planungen den Personenkreis an der Planung zu beteiligen, dessen Arbeitstätigkeit sich eventuell als Ergebnis der Planungen verändert, bedeutet zunächst eine Erhöhung des zeitlichen und monetären Planungsaufwands. Die Beteiligung Betroffener wird zwar in der produktionstechnischen und arbeitswissenschaftlichen Fachliteratur vielfach empfohlen, doch gibt es kaum Versuche, den Nutzen monetär zu bewerten. Teilweise wird sogar empfohlen eine monetäre Bewertung des Planungsaufwands bei Investitionsvorhaben nicht vorzunehmen (vgl. zum Beispiel Hub 1989, der die Beteiligung jedoch z.B. für die Bewertungsphase eines Investitionsvorhabens empfiehlt). In der im Abschnitt 3.7 vorgestellten Wirtschaftlichkeitsbewertung wurde der Planungsaufwand mit einer weitgehenden Beteiligung Betroffener, wie sie im Pilotvorhaben erfolgte und hier empfohlen wird, einem fiktiven "Planungsaufwand ohne Beteiligung von Betroffenen" gegenübergestellt. Zugleich wurden die aus der Beteiligung resultierenden monetären Nutzenerwartungen ermittelt. Das im Abschnitt 3.7.2 dokumentierte Ergebnis belegt eindrucksvoll die Wirtschaftlichkeit einer Beteiligung, die auf der Nutzenseite höhere Akzeptanz, schnellere Umsetzung der Planungsergebnisse, größere Planungssicherheit, betriebsspezifische Lösungen und Qualifizierungsvorteile aufzuweisen hat. Dieses im Projekt erzielte Ergebnis der Bewertung durch die betrieblichen Experten des Lenkungsgremiums unterstützt die in der Fachliteratur häufig genannte Forderungen nach Beteiligung der Betroffenen bei Investitionsvorhaben.

Beteiligung des Top-Managements:

Die Beteiligung des Top-Managements (Hauptabteilungsleiter, Geschäftsführung) bei den Planungen ist äußerst wichtig, um die Ergebnisse der Planungen vor dem Hintergrund strategischer Unternehmenszielsetzungen bewerten zu können. Zusätzlich ist die Beteiligung der Führungsebene auch deshalb erforderlich, weil CIM-Rahmenplanungen abteilungsübergreifende Interessen berühren und häufig auch die Tätigkeiten der Führungsebene selbst zum Gegenstand haben. Durch die Beteiligung des Top-Managements wird - in Analogie zu einer Beteiligung der Betroffenen auf der Sachbearbeiter/Ausführungsebene - die Akzeptanz des Bewertungsergebnisses durch das Top-Management gefördert. Eine Beteiligung trägt weiterhin dazu bei, das Bewertungsergebnis im Zusammenhang mit dem Bewertungsinstrumentarium und -vorgehen kritisch hinterfragen zu können. Die durch die Geschäftsführung und das Top-Management zu treffende Entscheidung für oder gegen eine Rahmenkonzept-Alternative wird durch eine Beteiligung in ihren Für-(Akzeptanz) und Wider-(Kritische Distanz-)Argumenten transparenter.

Beteiligung externer Berater:

Die Beteiligung unternehmensexterner Berater in einem CIM-Planungsverfahren kann folgende Projektaufgaben wesentlich unterstützen:

- Ermitteln technischer Integrationspotentiale (durch das Einbringen zusätzlichen Wissens über das aktuelle Angebot an CIM-Technologien und zusätzlichen Wissens über deren Anwendungsmöglichkeiten und -probleme),

- Ermitteln organisatorischer Integrationspotentiale (Einbringen zusätzlichen Wissens über Fragen der Arbeitsteilung, Gruppenarbeit, usw.),
- Co-Moderation und Dokumentation des Planungsprozesses (Moderation von Planungsprozessen, bei denen innerbetriebliche Interessengegensätze auszugleichen sind).

3 Planungsschritte

Im folgenden werden die zur Entwicklung der CIM-Rahmenkonzeptionen erforderlichen Planungsschritte zunächst im Überblick dargestellt (Abschnitt 3.1). Daran anschließend werden die einzelnen Planungsmodule detailliert beschrieben.

3.1 Überblick über die Planungsmodule

Das aufgrund der Erfahrungen im Pilotvorhaben empfohlene Vorgehen zur CIM-Rahmenplanung kann man in mehrere Planungsschritte gliedern:

- Konstituierung des Lenkungsgremiums;

- Phase der Analyse der Aufgaben, Tätigkeiten, DV-Ausstattung, Stärken und Schwächen, Kommunikations- und Kooperationsbeziehungen sowie des Qualifikationspotentials der einzelnen Fachabteilungen. Die hierzu eingesetzten Methoden sind Erhebungsbögen und Expertengespräche der unternehmensexternen Berater mit den Leitern und weiteren Beschäftigten der Produktionsabteilungen;

- Analyse des Auftragsdurchlaufs für die verschiedenen Auftragsarten:
  - unternehmensinterner Entwicklungsauftrag,
  - Konstruktionsauftrag für kundenspezifische Teile,
  - Wiederholteilauftrag aus der Produktionsprogrammplanung usw.

Diese Auftragsdurchläufe werden nach Durchlaufzeit, Stärken/Schwächen, involvierten Fachabteilungen und involvierten Personen (bzw. Personengruppen mit ähnlichen Tätigkeitsprofilen) untersucht. Dies erfolgt durch Gruppendiskussionen und durch Expertengespräche der unternehmensexternen Berater mit den Leitern und einigen weiteren Beschäftigten aller Produktionsabteilungen;

- Interpretation der Analyseergebnisse und Ermitteln von Integrationspotentialen. Methoden hierbei sind Expertenbeurteilungen und Gruppendiskussionen des Lenkungsgremiums;

- Ermitteln von Gewichtungsfaktoren für die Integrationspotentiale, ausgehend von Unternehmenszielsetzungen. Dies erfolgt durch Gruppendiskussionen, die durch die Anwendung der Paarvergleichsmethode strukturiert werden;

- Bewerten der Integrationspotentiale mit Hilfe des Ergebnisses der zuvor gewonnenen Gewichtungsfaktoren. Auch hierzu erfolgen Gruppendiskussionen unter Einsatz einer modifizierten Nutzwertanalyse, die auch "negativen Nutzen" in Betracht zieht;

- Erarbeiten von CIM-Rahmenkonzeptionen zur Erschließung wichtiger Integrationspotentiale (Methodik: Einsatz von Arbeitsgruppen, die aus Personen zusammengesetzt sind, deren Arbeitstätigkeit von den Planungen potentiell verändert werden könnte);

- vergleichende Bewertung der CIM-Rahmenkonzeptionen nach Wirtschaftlichkeit und nach Humankriterien (Methodik/Instrumente: Gruppendiskussion, Verfahren zur Komplexitätsreduzierung durch Bewertungsschemata, iterative Transformation schwer quantifizierbarer Kosten-/Nutzenaspekte in monetäre Größen durch schrittweise Bewertungs-Interpretations-Bewertungs Sequenzen, Visualisierung des Bewertungsergebnisses).

<u>Bild 3</u> gibt einen Überblick über die Planungsmodule, die dementsprechend nach der Konstituierung des Lenkungsgremiums zu bearbeiten sind. Die Bezeichnung *Planungsmodul* stellt den instrumentellen Charakter einzelner Planungsabschnitte für eine den gesamten Produktionsbereich umfassende Rahmenkonzeptentwicklung in den Vordergrund. Die Bild macht deutlich, welche Planungsmodule zeitlich parallel eingesetzt werden können und welche Module auf Ergebnissen vorheriger Planungsaktivitäten aufbauen. Die Planungsmodule 1 und 2 dienen der Ermittlung von technischen bzw. organisatorischen Integrationspotentialen, die aus einer verbesserten bzw. optimierten Nutzung der betrieblichen Ressourcen Personal, DV-Technik und Organisation resultieren könnten (vgl. auch Abschnitt 1.3). Im Modul 1 werden eher die ingenieurwissenschaftlichen, produktionstechnischen Aspekte, im Modul 2 die arbeitswissenschaftlichen, personalorganisatorischen Aspekte betrachtet. Durch eine im Modul 1 und Modul 2 aufeinander abgestimmte Abgrenzung der betrieblichen Einzelaufgaben sind die jeweiligen Ergebnisse aufeinander beziehbar. Die Ermittlung technischer und organisatorischer Potentiale muß in enger Kooperation der mit den Analysen befaßten Personen erfolgen, da starke Wechselwirkungen zwischen organisatorischen und technischen Veränderungsmöglichkeiten bestehen.

Modul 3 strukturiert die Diskussion (strategischer) Unternehmenszielsetzungen und die Bestimmung von Marktkriterien, die mit diesen Zielen in Zusammenhang gebracht werden können, sowie die Aufbereitung dieser Kriterien zu Gewichtungsfaktoren für Integrationspotentiale. Hierzu setzt man die Methode des Paarvergleichs ein.

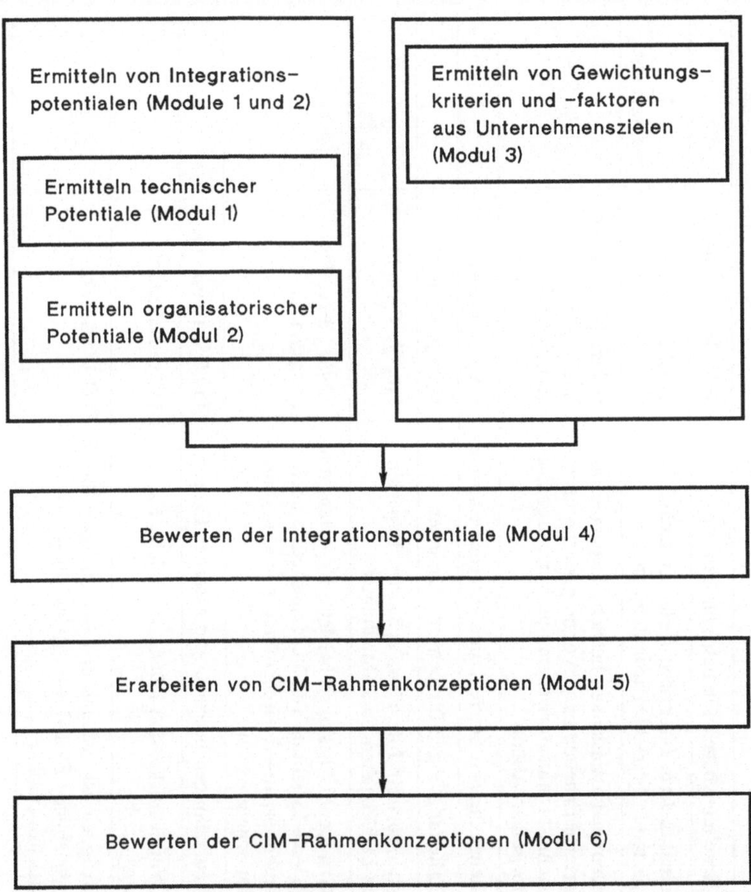

Bild 3: Planungsmodule (Überblick)

Der Prozeß der Gewichtung der Integrationspotentiale ist als eigenständiges Planungsmodul (Modul 4) definiert, um die Bedeutung dieses Verfahrensschrittes hervorzuheben. Hier kann eventuell auch ein Vergleich der "CIM-Planungen" mit gänzlich anderen Möglichkeiten zur Verbesserung der Marktstellung des Unternehmens (z.B. mit Standardisierungsprojekten) erfolgen.

Die in Arbeitsgruppen (mit Beteiligung der von möglichen Veränderungen betroffenen Beschäftigten) erfolgende Rahmenkonzeptentwicklung auf der Basis der bewerteten Integrationspotentiale ist als eigenständiger Planungsschritt (Modul 5) von der Bewertung der Ergebnisse (Modul 6) entkoppelt.

Planungs-modul	Aufgabe	Methoden/Instrumente		Planungsaufwand	
				Betrieb (Pers. xTage)	Externe (Tage)
1 (Kap.3.2)	Ermitteln von technischen Integrationspotentialen	1.1	Erhebungsbögen für betriebl. Experten	1x1 je Fachabt.	
		1.2	strukturierte Interviews (externer techn. Experten in betriebl. Fachabteilungen)	1x0,5 je Fachabt.	1 je Fachabt.
		1.3	Gruppendiskussionen betriebl. Experten (integrierte Erhebung von Vorgangsketten nach techn.-organisatorischem und pers.-organisatorischem Ablauf	(1-2)x1 je Hauptabt. (inkl. 2.3 bei Planungsmodul 2)	4 (inkl. 2.3)
		1.4	Beurteilungen betriebl. und externer Experten	1x1 je Hauptabt.	2
2 (Kap. 3.3)	Ermitteln von organisatorischen Integrationspotentialen	2.1	Erhebungsbögen für betriebl. Experten	1x0,5 je Fachabt.	
		2.2	strukturierte Interviews arb.-wiss. Experten in betrieblichen Fachabteilungen	1x0,5 je Fachabt.	1 je Fachabt.
		2.3	Gruppendiskussionen betriebl. Experten (integrierte Erhebung von Vorgangsketten nach techn.-organisatorischem und perso.-organisatorischem Ablauf)	(siehe 1.3 bei Planungsmodul 1)	(siehe 1.3)
		2.4	Beurteilungen betriebl. und externer Experten	1x0,5 je Hauptabt.	2
3 (Kap. 3.4)	Erm. v. Gewichtungskriterien u. faktoren auf Unternehmenszielen	3.1	Gruppendiskussion leitender betriebl. Experten	1x1 je Hauptabt,	2
		3.2	Gruppendiskussionen und Bewertungen durch betriebliche Fachabt.-Experten (Paarvergleichsmethode)	1x1 je Fachabt.	2

Planungs-modul	Aufgabe	Methoden/Instrumente		Planungsaufwand	
				Betrieb (Pers.xTage)	Externe (Tage)
4 (Kap. 3.5)	Bewerten der Integrations-potentiale	4.1	Gruppendiskussionen und Bewertungen durch betriebl. Experten versch. Fachabteilungen	1x0,5 je Fachabt.	2
		4.2	Gewichtungs- und Aufbereitungsverfahren	--	2
5 (Kap. 3.6)	Erarbeiten von CIM-Rahmen-konzepten	5.1	Auswahl- und Strukturierungsverfahren	1x0,5 je Hauptabt.	2
		5.2	Arbeitsgruppen (Experten verschiedener betrieblicher Fachabteilungen)	1x(2-3) je betroffener Fachabt.	3
		5.3	Konzeptionelle Unterstützung durch externe Experten	--	5
6 (Kap. 3.7)	Bewerten der CIM-Rahmen-konzepte	6.1	Bewertungskonzept d. GfAH zu Humankriterien (Aufw. f. Auswerte- und Vorbereitungsarbeiten)	--	4
		6.2	Bewertungskonzept des ISI zur Wirtschaftlichkeit (Aufwand nur für Auswerte- u. Vorbereitungsarbeiten angegeben)	--	10
		6.3	Gruppendiskussionen und Bewertung (Humankriterien) durch betriebl. Experten. Aufwand für ext. Moderation inkl. Vorbereitungsarbeiten	1x 1-2 je Hauptabt.	2
		6.4	Gruppendiskussionen u. Bewertg. (Wirtschaftlichk.) durch betriebl. Experten (Aufwand f. ext. Moderation u. Vorbereitungsarbeiten)	1x 1-2 je Hauptabt.	

Bild 4: Planungsmodule (Methoden/Instrumente)

Dadurch soll eine vorschnelle Orientierung hin zu einem bestimmten Lösungsmodell verhindert, und der Blick auf Lösungsalternativen geschärft werden.

In <u>Bild 4</u> sind Angaben zu den anzuwendenden Methoden und Instrumenten zusammengestellt und Hinweise zum Planungsaufwand gegeben. Es enthält darüber hinaus Hinweise auf die weiteren Buchabschnitte, in denen diese Module ausführlich beschrieben werden. Die Angaben zum ungefähr erforderlichen Planungsaufwand sind getrennt ausgewiesen für betriebliche Experten und für externe Berater. Die in Bild 4 verwendeten Begriffe "je Hauptabteilung" bzw. "je Fachabteilung" geben außerdem Hinweise auf die involvierten betrieblichen Experten.

Unter *Hauptabteilung* sind die für das Thema CIM zentralen Bereiche

- Konstruktion,
- Arbeitsvorbereitung,
- Vertrieb,
- Fertigung (einschl. Montage und Qualitätssicherung),
- Einkauf und Lagerwesen

zu verstehen. Bei Aktivitäten mit dem Hinweis *Hauptabteilung* sind Personen angesprochen, die zu diesen Bereichen generelle Aussagen machen können, in der Regel also die Leiter dieser Abteilungen. Der Hinweis *Hauptabteilung* bezeichnet somit Aufgaben, die das Projektlenkungsgremium erledigen kann.

Unter *Fachabteilungen* sind entweder Untergliederungen der Hauptabteilungen zu verstehen (z.B. Elektrokonstruktion, mechanische Konstruktion) oder weitere betriebliche Bereiche, die an Vorgangsketten angebunden sind (z.B. Instandhaltung, Kundendienst). Bei Aktivitäten mit dem Hinweis *Fachabteilungen* sind Personen angesprochen, die zu diesen spezielleren betrieblichen Funktionen detaillierte Aussagen machen können.

3.2 Ermitteln technischer Integrationspotentiale (Modul 1)

Wie in Abschnitt 3.1 erwähnt, ist die Ermittlung technischer und organisatorischer Integrationspotentiale (Modul 1 und 2) über die Definition jeweils gleicher betrieblicher Funktions- bzw. Aufgabeneinheiten als Analyseobjekt miteinander verknüpft. Dies ist um so wichtiger, je komplexer der Bewertungsgegenstand ist und je mehr mit Aufwandsschätzungen anstatt auf der Basis konkreten Zahlenmaterials gearbeitet werden muß: wie noch gezeigt wird (vgl. Abschnitt 3.3.1), ermöglicht diese Verknüpfung eine Kontrolle der Schätzungen. Zunächst wichtigstes Analyseziel sind Aufwandsermittlungen für die Aufgaben des Betriebes. Planungsmodul 1 und Planungsmodul 2 werden zeitlich parallel bearbeitet.

Vorgehen: Die Aufgabenbereiche (Aufgabenbezeichnungen) werden zunächst vom Projektlenkungsgremium für alle Produktionsabteilungen definiert. Im Zuge der Analysearbeiten erfolgen Korrekturen der Abgrenzungen und Ergänzungen um weitere Aufgaben. Ergänzungen und Korrekturen müssen in beiden Planungsmodulen (Modul 1 und 2) parallel nachvollziehbar sein. Im Unterschied dazu sind weitere Detaillierungen nicht als Ergänzung und Korrektur zu betrachten. Ein Abgleich der Aufgabenliste zur Verwendung im Modul 1 bzw. Modul 2 ist bei einer Detaillierung somit nicht erforderlich. Diese Vereinbarungen ermöglichen eine Analyse der eher technischen CIM-Potentiale und der eher personal-organisatorischen Potentiale durch jeweils unterschiedliche Experten, wobei sichergestellt ist, daß bei vertretbarem Aufwand in einer ersten Analysestufe die Ergebnisse aufeinander beziehbar sind. Die Möglichkeit zur weiteren Detaillierung (Analysestufe 2) erlaubt fachdisziplinär (aus technischer bzw. arbeitswissenschaftlicher Sicht) notwendige Vertiefungen der Analysen. Ein Abgleich der Ergebnisse zwischen den Analysen verschiedener Experten auf dieser zweiten Analyse-ebene ist ohne Abgleich der Detaillierungen zwischen Modul 1 und Modul 2 zwar nur eingeschränkt möglich, der Verzicht auf diesen Abgleich erspart jedoch beträchtlichen Planungsaufwand.

Die sich letztlich ergebenden Aufgaben (Analyseeinheiten) sind von den jeweiligen firmenspezifischen Gegebenheiten abhängig. Deshalb kann es auch keine allgemein verwendbare Aufgabenliste geben. Die Aufgabenlisten im Anhang mögen als Anregung dienen und geben Hinweise auf den Detaillie-rungsgrad einer Rahmenplanung in mittelständigen Unternehmen.

3.2.1 Analyse der Aufgabenbereiche: Erhebungsbögen

Die vom Lenkungsgremium für alle Produktionsabteilungen definierten Aufgabenbereiche bilden das "Gerüst" der Ist-Analyse. Mit Hilfe von Er-hebungsbögen werden die den Aufgaben zugehörigen Mengen und Aufwands-daten erfaßt. Die *Bilder 5 bis 8* zeigen Beispiele solcher Erhebungsbögen. Die Unterteilung nach Produktionsabteilungen (z.B. Elektrokonstruktion) bzw. Funktionsbereichen (z.B. PPS) gewährleistet eine schnelle Übersicht. Die Schwerpunkte der betrieblichen Aufgaben werden erkennbar. Neben den Mengen- und Aufwandsdaten ist auf dieser Analysestufe auch die Rechner-unterstützung je Aufgabenbereich zu ermitteln, Bild 5. Diese Datenerhebung

Aufgaben-bereiche	Mengen	Einheit	Aufwand	Einheit	davon rechner-gestützt [%]
externe Dokumentation		Zeichn./ Jahr		h	
interne Dokumentation + Normung				h	
Angebotskonstruktion				h	
Entwicklung	}	Zeichn./ Jahr		h	
Produkt-/Teile-konstruktion					
Betriebsmittel-konstruktion					
Hydraulik + Pneumatik		Konst./ Jahr		h	
Stücklisten-erstellung		Stüli/ Jahr		h	
Berechnungen		Berech./ Jahr		h	
Versuch		Versuche/ Jahr		h	

K F D	Analyse mechanische Konstruktion (Stufe 1)	
5305-3		
NÖ-002-02		

Bild 5: Erhebungsbogen Ist-Analyse Stufe 1 (Beispiel)

	Rechner - Einsatz	Rechner - Einsatz
Aufgaben- bereiche	**aktuell**	**geplant**
externe Dokumentation		
interne Dokumentation + Normung		
Angebotskonstruktion		
Entwicklung		
Produkt-/Teile- konstruktion		
Hydraulik + Pneumatik		
Betriebsmittel- konstruktion		
Stücklisten- erstellung		
Berechnungen		
Versuch		

K F D 5305-3 NÖ-001-02	**Rechnereinsatz in der mechanischen Konstruktion**	**IFAO**

Bild 6: Erhebungsbogen Ist-Analyse Rechnereinsatz (Beispiel)

Konstruktions-typ / Entwicklung	Neu-konstruktion [%]	Änderungs-konstruktion [%]	Varianten-konstruktion [%]	Symbol-konstruktion [%]	Gesamt-aufwand [h]	Bemerkungen
Software						
Hardware						
Konstruktion Steuerungspult						
Software kundenspezifisch						
Hardware kundenspezifisch						
Telefonischer Kundendienst						

K F D	Analyse Elektronikentwicklung (Stufe 2)	IFAO
5305-4		
NÖ-165-02		

Bild 7: Erhebungsbogen Ist-Analyse Stufe 2 Aufgabentypen (Beispiel)

Interne Dokumentation und Normierung	Mengen	Einheit	Aufwand	Einheit	davon rechner-gestützt [%]
Funktionsbeschreibung Software (kundenspez.) *		Stck/Jahr		h	
Funktionsbeschreibung Hardware (kundenspez.) *		Stck/Jahr		h	
Dokumentation der Softwareänderungen		Stck/Jahr		h	
Kommentierte Programm-listing		Programm/Jahr		h	
Struktogramm		Strukto-gramm/Jahr		h	
Funktionsbeschr. Steckkarte (HW)		Stck/Jahr		h	
Prog.dokumentation Hardeware-Test		Stck/Jahr		h	

* nicht identisch mit externer Dokumentation

K F D	Analyse	IFAO
5305-4	Interne Dokumentation u. Normierung	
NÖ-219-02	(Stufe 2)	

Bild 8: Erhebungsbogen Ist-Analyse Stufe 2 Teilaufgaben (Beispiel)

geschieht in der Regel durch Schätzurteile der Fachabteilungsexperten und
Auswertung vorhandener Daten und Dokumente. Auf Messungen wird
weitestgehend verzichtet, um den Analyseaufwand gering zu halten. Die
Erfassung von Mengendaten beschränkt sich auf die wichtigsten Daten, wie
z.B. Zeichnungen, Stücklisten, Arbeitspläne usw.

Die zum Zeitpunkt der Erhebung vorzufindende Rechnerunterstützung ist nur
eine Momentaufnahme. In einem CIM-Rahmenkonzept müssen jedoch die
aktuellen betrieblichen Planungen ebenfalls berücksichtigt werden. Welche
Systeme aktuell im Einsatz und welche geplant sind, wird für die Aufgabenbereiche der ersten Analysestufe ebenfalls erfaßt, Bild 6. Die erste Stufe
der Analyse umfaßt daneben die bereits aus der Vergangenheit vorliegenden
Daten.

Die zweite Stufe der Analyse ist eine Detaillierung der Aufgabenbereiche, die
in der ersten Stufe für die einzelnen Unternehmensfunktionen definiert
worden sind. Diese Daten werden jedoch nur dann erhoben, wenn der
Aufgabenbereich wichtig für das Unternehmen ist. Dies ist der Fall, wenn der
Aufgabenbereich hohen Aufwand verursacht oder wichtig ist im Sinne eines
vermuteten wesentlichen Beitrags zu den Unternehmenszielen. Dies ist vor
allem bei Aufgaben zu vermuten, die einen hohen Entscheidungsspielraum
umfassen (z.B. Programmplanung). Die Detaillierungsdimensionen der
Datenerhebung in Stufe 2 sind vom Aufgabenbereich abhängig. Für bestimmte
Aufgabenbereiche, wie z.B. Elektroentwicklung ist es sinnvoll, nach Neu-,
Änderungs- oder Variantenanteil zu fragen, Bild 7. Für andere Aufgabenbereiche, wie z.B. Dokumentation und Normierung ist eine feinere Aufteilung des
Aufgabenbereichs nach dem Gegenstandsbezug oder nach Teilfunktionen
geeignet, Bild 8.

Bei der Auswahl der Detaillierungsdimensionen spielt das Wissen um die
Möglichkeiten der Computerunterstützung (state of the art) eine wesentliche
Rolle. Die Erhebung der Daten, insbesondere in der Analysestufe 2 muß mit
Expertenvermutungen zu CIM-Potentialen verbunden sein, um nicht Gefahr
zu laufen, Daten nur deshalb zu erheben, weil sie eventuell leicht zu
gewinnen sind.

3.2.2 Analyse der Aufgabenbereiche: Interviews mit den Fachabteilungen

Die mit Erhebungsbögen ermittelten Daten alleine sind nicht ausreichend, um
deren richtige Interpretation zu gewährleisten, d.h. um auf Integrationspotentiale zu schließen, wie sie in Abschnitt 1.3 beschrieben sind. Da ein

CIM-Rahmenkonzept den Großteil eines Unternehmens umfaßt, ist neben der Identifikation wichtiger Aufgabenbereiche das Erkennen der Zusammenhänge zwischen ihnen sehr wichtig.

Hierzu geeignet ist vor allem eine Analyse von Vorgangsketten durch Gruppendiskussionen, wie sie im nächsten Abschnitt beschrieben wird. Vor diesen Gruppendiskussionen sollten die mit Hilfe der Fragebögen ermittelten Daten jedoch nochmals interpretiert und gegebenenfalls korrigiert bzw. ergänzt werden. Führungspersonen bzw. langjährige Mitarbeiter der Fachabteilungen füllen die Fragebögen in der Regel aus und bearbeiten sie. Es ist zu empfehlen, daß externe Experten aus dem Lenkungsgremium auf der Basis der erhobenen Daten Interviews mit diesen betrieblichen Experten führen, um diese Ergänzungen und Korrekturen zu erhalten. In diesen Interviews ist auch der Aspekt des Zusammenhangs zwischen verschiedenen Aufgaben sowohl abteilungsintern wie auch die aufgabenbedingten Kooperationen zu anderen Fachabteilungen zu thematisieren. Hierdurch werden erste Stärken und Schwächen im Aufgabendurchlauf durch den Betrieb sichtbar, die als Diskussionspunkte in die nachfolgende Gruppendiskussion von Vorgangsketten eingebracht werden können.

In den Interviews werden die Aufgabenbereiche transparent. Die Erläuterung der Mengen- und Aufwandsdaten und der Vorgehensweise bei der Auftragsabwicklung innerhalb der betrachteten Abteilung läßt Stärken und Schwächen erkennen. Durch die Gespräche lassen sich auch eventuell Unstimmigkeiten in den Angaben zur Erledigung der Aufgaben in den Erhebungsbögen bereinigen.

Neben der Datenklärung erfüllen die Interviews eine weitere wichtige Funktion. Die Fachabteilungen sind über das Projektlenkungsgremium hinaus mit weiteren Personen von Anfang an beteiligt und haben die Möglichkeit, bereits in der Analysephase Problemfelder zu benennen und mögliche Gegenmaßnahmen zu definieren. Voraussetzung hierfür ist, daß in den Interviews ausreichend Informationen über die Planungsziele gegeben werden.

3.2.3 Analyse der Vorgangsketten

Neben den aufgabenbezogenen und bereichsbezogenen Analysen, die in den Abschnitten 3.2.1 und 3.2.2 beschrieben wurden, sind ablaufbezogene Analysen von bereichsübergreifenden Vorgangsketten die Voraussetzung, um Integrationskonzepte erarbeiten zu können. Die Aufgaben, die für die Unternehmensbereiche definiert wurden, müssen zueinander abteilungsübergreifend in sachliche und zeitliche Relation gebracht werden, um z.B. Schwachstellen in der Durchlaufzeit aufzudecken.

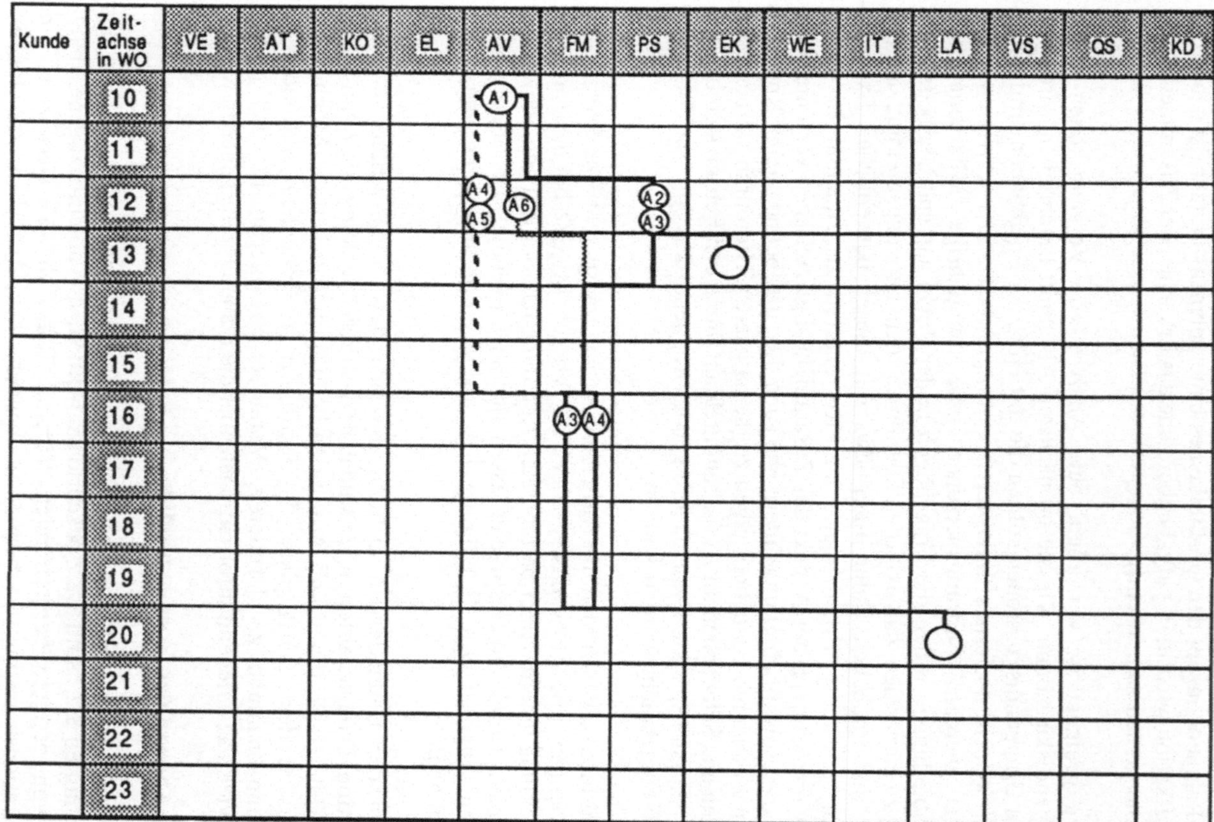

Bild 9: Darstellung von Ablaufketten (Beispiel)

Parallel-kette von	Aufgabenbereiche	Parallel-kette nach	Arbeits-ergebnis	Voraus-setzungen	Verweil-dauer im Aufgaben-bereich	rechnergestützte Übergabe (%)	rechnergestützte Verwertung der Daten (%)	Schnittstelle betrifft die Tätigkeit zu einem Anteil von (%)
	Arbeitsplanung		Arbeits-pläne	Zeichnungen Stücklisten				
	Bedarfs-ermittlung	BM-Konst. NC-Prog. Ablaufket-te 16,17	Teile Bedarfe	Zeichnungen Stücklisten				
	Produktions-auftragsplanung	Bestell. in EK Ablauf-kette 20	Ferti-gungs-aufträge	Zeichnungen Stücklisten				
	Auftrags-freigabe		frei-gegebene Aufträge	Fertigungs-auftrags-papiere				
	Arbeitsverteilung			Lohnscheine				
	Teile-bearbeitung			Material Auftragspapiere				
	Einlagern			Fertigmeldung				
	Auslagern			Kommissionier-liste				

Bild 10: Informationsdarstellung zu Ablaufketten (Beispiel)

Die Erfassung und die Darstellung der gesamten Struktur wichtiger betrieblicher Abläufe (Vorgangsketten) auf der Ebene der relativ detailliert beschreibenden Analysestufe 2 ist zu aufwendig und deshalb nicht sinnvoll. Der Ablauf wird somit mit den Aufgabenbereichen in der Analysestufe 1 dargestellt, <u>Bild 9</u>.

Die Senkrechte bildet die Zeitachse in Wochen. Die Waagerechte weist die Unternehmensfunktionen aus. In den Kreisen werden die Aufgabenbereiche der Analysestufe 1 angegeben. Die Kennzeichnungen "A1, A2, ..., An" entsprechen den in den Erfassungsbögen zur Analysestufe 1 definierten Aufgaben. Die Aufgaben werden dabei für jeden Unternehmensbereich aufsteigend numeriert.

Die Darstellung des Ablaufs einer Auftragsabwicklung auf der Ebene der Aufgaben weist jedoch nicht alle relevanten Daten für ein Rahmenkonzept aus. Der gesamte Ablauf wird deshalb in sinnvolle Teil-Ablaufketten unterteilt und gekennzeichnet. Für jede Ablaufkette werden ergänzend zusätzliche Informationen definiert, <u>Bild 10</u>.

Diese Ablaufanalyse zeigt neben der Abfolge der Aufgabenbereiche auch, welche Voraussetzungen erfüllt sein müssen und welches Arbeitsergebnis erzielt wird. Es wird festgestellt, ob dabei Daten rechnerunterstützt übergeben und verwertet werden.

3.2.4 Definition technischer Integrationspotentiale

Für die Definition der technischen Integrationspotentiale wurde ein Planungsraster erarbeitet, das aus zwei Blöcken besteht, <u>Bild 11</u>. Der erste Block umfaßt alle Möglichkeiten im Untersuchungsbereich, die Integrationsaspekte der DV-Unterstützungen betreffen. Die DV-technischen Möglichkeiten werden dabei, ohne betriebsspezifische Bedürfnisse zu berücksichtigen, aufgelistet, wobei eine Zuordnung zu den CIM-Bausteinen CAD, CAM, CAP, CAQ und PPS-Systemen erfolgt.

Das Ergebnis weist die Möglichkeiten nach Stand der Technik auf. Die Ermittlung der technischen Integrationspotentiale nach betriebsspezifischen Gesichtspunkten erfolgt in zwei Schritten. Im ersten Schritt wird anhand der Analysedaten die betriebsspezifische Bedeutung der einzelnen "DV-Möglichkeiten" im Lenkungsgremium festgelegt. Die interdisziplinäre, die verschiedenen Fachabteilungen umfassende Zusammensetzung des Lenkungsgremiums gewährleistet, daß die Interessen ausgewogen berücksichtigt werden. Nach diesem Schritt liegt ein Bewertungsprofil vor. Im zweiten Schritt wird anhand

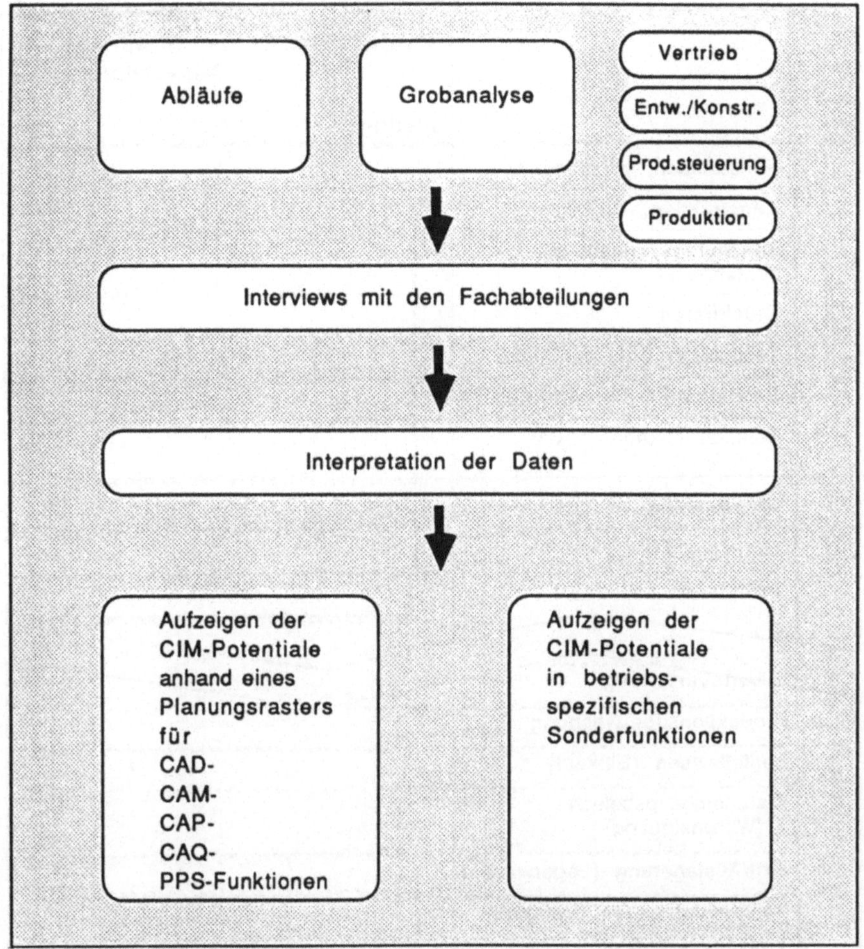

Bild 11: Ermittlung technischer Informationspotentiale (Planungsblöcke)

der Analysedaten die Ausschöpfung der einzelnen DV-Möglichkeiten geschätzt. Dies geschieht ebenfalls im Lenkungsgremium. Die Differenz zwischen den beiden ermittelten Profilen ergibt eine grobe qualitative Aussage, die als bereichsspezifische technische Integrationspotentiale angesehen werden können, Bild 12.

Diese Profile alleine sind jedoch nicht geeignet, um die Potentiale vor dem Hintergrund strategischer Unternehmensziele zu gewichten. Dies wird in einem späteren Schritt in einem Bewertungsprozeß erreicht (vgl. Modul 4).

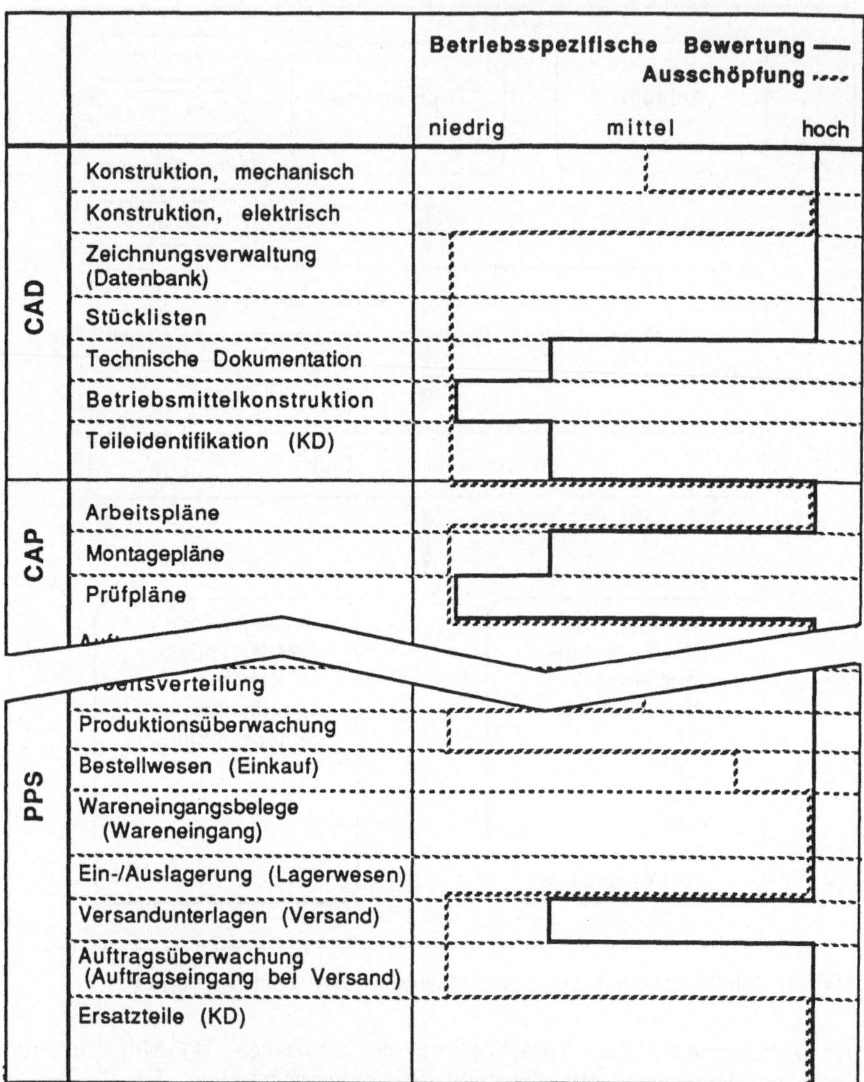

Bild 12: Technische Integrationspotentiale: Planungsraster

Der zweite Block des Planungsrasters umfaßt die betriebsspezifischen Funktionen, die mit den im ersten Block enthaltenen Dimensionen nicht unterstützt werden können. Das Erkennen dieser Potentiale ist ein Ergebnis der Interpretation der aufgenommenen Ist-Daten und der Interviews mit den Fachabteilungen sowie der Diskussion der Vorgangsketten. Die Besonderheiten in betrieblichen Abläufen werden damit berücksichtigt. Die in beiden Blöcken ermittelten technischen Integrationspotentiale werden aufgelistet. Diese Auflistung ist Teil der Ausgangspunkte des folgenden Bewertungsprozesses der dazu dient, eine nach betrieblichen Gesichtspunkten optimale Rangfolge zu bestimmen. Weitere Ausgangspunkte sind die organisatorischen Integrationspotentiale, deren Ermittlung in Abschnitt 3.3 beschrieben ist.

3.3 Ermitteln organisatorischer Integrationspotentiale (Modul 2)

Entsprechend dem aus Anwendersicht entwickelten CIM-Verständnis, das in Abschnitt 1.1 (Zielsetzung) beschrieben ist, sind die Integrationsressourcen eines Unternehmens nicht allein in der Erschließung technischer Integrationspotentiale zu suchen, deren Planungs- und Gestaltungsgegenstand in einer Optimierung rein funktionaler Abläufe mit vorwiegend DV-technischen Mitteln besteht (vgl. auch Abschnitt 1.3: Definition der Integrationspotentiale). Die Planung und Gestaltung muß vielmehr auch die organisatorischen Möglichkeiten und die personalen Ressourcen des Unternehmens berücksichtigen, d.h. insbesondere die Qualifikationen und Fähigkeiten der Beschäftigten nutzbar machen. Betriebliche Flexibilität wird in den - für die industrielle Produktion kleiner und mittlerer Serien typischen - schnell wechselnden betrieblichen Situationen vor allem durch formelle und informelle Kommunikations- und Kooperationsbeziehungen gewährleistet. Auch mittelfristige Anpassungen an technische Innovationen und Marktveränderungen sind mit qualifiziertem Personal leichter möglich als mit weniger gut ausgebildeten Mitarbeitern. Qualifiziertes Personal und qualifizierende Arbeitstätigkeiten bedingen einander. Durch geeignete Gestaltung der Arbeitstätigkeiten müssen qualifizierende Aufgabenzuschnitte und eine Reduzierung organisatorischer Schnittstellen angestrebt werden. Wie bereits bei der Diskussion der Zielsetzung erläutert, treffen sich hierbei die Interessen der Beschäftigten nach ganzheitlichen Arbeitstätigkeiten, in denen Planen, Ausführen und Kontrolle zusammengehörende Arbeitsbestandteile sind, mit den betrieblichen Interessen nach einer Reduzierung von Durchlaufzeiten bei gleichzeitiger Erhöhung der Flexibilität der Produktion. Ein wesentlicher Vorteil ganzheitlicher Arbeitstätigkeiten ist z.B. auch, daß hiermit eine bessere Übereinstimmung von Kompetenz und Verantwortung erreicht werden kann, als dies bei hoher Arbeitsteiligkeit möglich ist.

Voraussetzung zur Erschließung derartiger Integrationspotentiale ist es, einen Überblick über die Tätigkeitsprofile der Beschäftigten im Unternehmen zu erlangen und die wesentlichen betrieblichen Abläufe in ihren organisatorischen Übergängen nicht nur auf der Grundlage von Übergängen zwischen Fachabteilungen zu ermitteln, sondern in den Vorgangsketten die Übergänge von Aufgaben zwischen verschiedenen Personen und Personengruppen insgesamt, sowohl innerhalb der Fachabteilungen als auch bereichsübergreifend, zu betrachten.

3.3.1 Ermitteln organisatorischer Integrationspotentiale (Erhebungsbögen)

Um in späteren Planungsschritten (Abschnitte 3.6 und 3.7, Module 5 und 6) die Wechselwirkungen zwischen organisatorischen Integrationspotentialen mit technischen Potentialen diskutieren zu können, wird bei der Ermittlung der Tätigkeitsprofile in der Analysestufe 1 von denselben Aufgabenbereichen als abgegrenzte Teil-Analyseeinheiten ausgegangen, wie sie bei der Ermittlung der technischen Integrationspotentiale zugrunde gelegt werden (vgl. einleitende Ausführungen zum Abschnitt 3.2). Es wird in den verschiedenen Fachabteilungen und Funktionsbereichen untersucht, wer mit welchem Anteil an Arbeitszeit diese Aufgaben bearbeitet, <u>Bild 13</u>. Personen mit ähnlichem Tätigkeitsprofil werden hierbei zu Personengruppen zusammengefaßt. Dies liefert erste Hinweise auf die Art und den Grad der Arbeitsteiligkeiten in den verschiedenen Produktionsbereichen des Unternehmens. Es können nun Ergänzungen der Aufgabenbereiche in zwei Richtungen erfolgen:

- Ergänzungen um Aufgabenbereiche, die Arbeitsteilungen in Teilabschnitten von Vorgangsketten deutlicher hervortreten lassen. Dies ist insbesondere interessant in Teilabschnitten, die aufeinanderbezogene Tätigkeiten des Planens, Ausführens, Kontrollierens enthalten;

- Ergänzungen um Aufgaben, die eher informellen und kooperativen Charakter haben und - da sie sich mehr auf menschliches Wissen und Können stützen - für die im vorigen Abschnitt thematisierte Ermittlung technischer Integrationspotentiale weniger Relevanz haben. Solche Aufgaben werden in den Betrieben teilweise zunächst gar nicht als solche wahrgenommen, z.B. dann, wenn "ad hoc" unvorhergesehene Produktionsprobleme gelöst werden müssen. Da sich die Aufgabe "Lösen des Problems" von selbst stellt und nicht "zugeordnet" wird, empfinden die Beschäftigten solche Aufgaben häufig eher als "Störungen" denn als Aufgaben, und zwar auch dann, wenn sie nur bei unvertretbar hohem ökonomischen Aufwand vermeidbar wären.

Aufgabenanteil der Personen in % eintragen		Datum:	Bearbeiter:	Quelle(n):			Blatt.1.von.2.	
Nr.:	Personen(–gruppen) Nr.:	P1	P2	P3	P4			Anzahl Stellen x % x 1/100 / Blatt....bis....
Aufgabe Nr.:	Personen–gruppe / Aufgabe	Abteilungsleitung	Vertriebssachbearbeiter Ausland	Vertriebssachbearbeiter Inland	Sekretärinnen			
A1	Absatzplanung	"ca.0"	"ca.0"	"ca.0"	—			
A2	Anfragebearbeitung	25%	15%	10%	—			
A3	Angebotsbearbeitung	15%	15%	50%	45%			
A4	Auftragsbearbeitung	10%	45%	15%	45%			
A5	Berichtswesen	"ca.0"	"ca.0"	"ca.0"	"ca.0"			
A6	Stammdatenverwaltung	—	—	—	10%			
	Besprechungen (int/ext)	}50%	}25%	25%	—			
	Geschäftsreisen			—	—			
	Leitungsaufgaben		—	—	—			
Anzahl Stellen								

stufe1.gal	IST–Analyse: Zuordnung von Aufgaben zu Personengruppen (Analysestufe 1)
CIM–RK	(Bereich Vertrieb – Inland/Ausland)
©FhG–ISI	

Bild 13: Erhebungsbogen Tätigkeiten Stufe 1 (Beispiel)

Die Ermittlung der Aufgaben-Personenzuordnung kann in der Regel nicht durch den isolierten Einsatz eines Erhebungsbogens erfolgen. Zum einen ergibt sich für die Definition organisatorischer Integrationspotentiale eine aussagefähige Detaillierung nur auf Basis der eben beschriebenen Ergänzungen zur Aufgabendefinition der Analysestufe 1, zum anderen hat sich in dem bereits vorn genannten Pilotvorhaben gezeigt, daß die betrieblichen Experten zwar eine Zuordnung von Personalaufwand zu Aufgaben leisten können (vgl. Abschnitt 3.2), daß die zur Frage der Arbeitsteilung zusätzliche Differenzierung nach verschiedenen Personengruppen mit ähnlichem Tätigkeitsprofil jedoch durch einen alleinigen Einsatz eines Erhebungsbogens nicht zu bewältigen ist. Die Erhebungsbögen werden somit im Rahmen eines Expertengesprächs (vgl. Abschnitt 3.3.2) ausgefüllt. Ihr Einsatz dient Dokumentationszwecken und erlaubt über die mit den Erhebungsbögen zur Ermittlung technischer Potentiale weitgehend identische Aufgabendefinition einen Bezug zu den dort ermittelten Ergebnissen.

Die <u>Bilder 13 und 14</u> zeigen zwei Beispiele für ausgefüllte Erhebungsbögen (die Angaben in den Erhebungsbögen sind Beispielangaben und geben keine Hinweise auf ein konkretes Unternehmen). In der Analysestufe 1 werden grobe mengenmäßige (personalkapazitive) Zuordnungen zwischen Aufgaben und Personen erfaßt, Bild 13, die auch zur Ergänzung und Kontrolle der bei der Ermittlung der technischen Integrationspotentiale erhobenen Mengenangaben dienen können. Hierzu werden die Prozentangaben der Arbeitszeitanteile mit der Jahresarbeitszeit und der Anzahl der Stellen verrechnet und zeilenweise (für die einzelnen Aufgaben) aufsummiert. In der zweiten Analysestufe Bild 14 wird auf die mengenmäßige Erfassung der Zuordnungen weitgehend verzichtet. Die Zuordnung zwischen Aufgaben und Personen erfolgt nur dann, wenn die Aufgabe wichtig ist (z.B. Fertigungsprogrammplanung, die zwar eventuell nur im Halbjahresrhythmus durchgeführt wird und somit wenig Zeitanteil an der Tätigkeit insgesamt hat, aber wesentliche Weichenstellungen enthält) oder einen Zeitanteil von mehr als 10 % der Arbeitszeit umfaßt. In der Analysestufe 2 kann durch diese Vereinfachung bei vertretbarem Erhebungsaufwand hinsichtlich der Aufgabenzuordnung zu Personen und Personengruppen mit dem Ziel weiter differenziert werden, den Grad der Arbeitsteiligkeiten und eventuelle Spezialisierungen grob zu identifizieren.

Die Personengruppen (Spalten in den Erhebungsbögen) definieren sich dadurch, daß jeweils Personen zu Gruppen zusammengefaßt werden, deren Funktionen (z.B. Konstrukteure) und Arbeitsinhalte (gleiche Verteilung wichtiger oder aufwandsintensiver Arbeitsaufgaben) ähnlich sind. Auch für eine einzelne Person kann die Erhebung eines derartigen Tätigkeitsprofils bereits in dieser Grobanalysephase sinnvoll sein, wenn eine wichtige Funktion nur einmal vorkommt (z.B. Abteilungsleiter).

Bel wichtigen Aufgaben bzw. wenn >10% Zeitanteil "0" eintragen		Datum:	Bearbeiter: SC	Quelle(n):		Blatt 2 von 2

Nr.:	Personen(-gruppen) Nr.:	P1 (Vertrieb)	P2 (Vertrieb)	P3 (Vertrieb)			P4					
Aufgabe Nr.:	Personen-gruppe / Aufgabe	Abteilungs-leiter (Ausland/ Inland)	Vertriebs-sachbear-beiter Ausland	Vertriebssach-bearbeiter Inland			Sekretariatssach-bearbeiterinnen					
				A (P3.1)	B (P3.1)	C (P3.3)	A (P4.1)	B (P4.2)	C (P4.3)	D (P4.4)		
A1 (Vertrieb)	Absatzplanung	○										
A2	Anfragebearbeitung	○	○	○	○							
A3	Angebotsbearbeitung	○	○		○	○	○	○				
A4	Auftragsbearbeitung	○	○	○	○		○		○	○		
A5	Berichtswesen	○	○	○	○	○	○	○	○	○		
A6 (Vertrieb)	Stammdatenverwaltung						○			○		
	Kundengespräche	○	○	○	○	○						
	Geschäftsreisen	○	○									
	Leitungsaufgaben	○										
Anzahl Stellen												

stufe2.gal	IST-Analyse: Tätigkeitsprofile (Analysestufe 2)	FhG
CIM-RK	Vertrieb (ohne KD, AT)	
© FhG-ISI		

Bild 14: Erhebungsbogen Tätigkeiten Stufe 2 (Beispiel)

3.3.2 Ermitteln organisatorischer Integrationspotentiale (Interviews)

Wie bei der Ermittlung technischer Integrationspotentiale bilden Interviews mit den Fachabteilungen auch hier den Schwerpunkt der Erhebung von Ausgangsinformationen zur Ermittlung organisatorischer Integrationspotentiale. Im Vordergrund stehen hierbei neben der Grobanalyse der Arbeitsteiligkeit (mit der in Abschnitt 3.3.1 beschriebenen Vorgehensweise) weitere mit den Beschäftigten verbundene Aspekte wie Qualifikationen und formelle und informelle Kommunikations- und Kooperationsbeziehungen. Informelle Kooperationsstrukturen kommen insbesondere häufig bei "Störungen" betrieblicher Abläufe zum Tragen, die von außen (von den Kunden, Zulieferanten) in die Produktion hineingetragen werden oder die aus unvorhersehbaren Ereignissen (Maschinenausfall, krankheitsbedingter Ausfall von Personen, etc.) resultieren. Solche Störungsursachen können nicht als *Fehler* betrachtet werden. Sie lassen sich nicht vermeiden. Die Störungsbewältigung muß deshalb als ständige Aufgabe definiert werden, die durch geeignete Organisationsformen (Gruppenarbeit, Förderung und Stärkung informeller Kooperationen) zu unterstützen ist.

Es ist somit zu analysieren, ob Störungen mit vertretbarem ökonomischen Aufwand vermeidbar oder aber unvermeidbar sind. Ansonsten ist die Gefahr gegeben, die Planungsenergien einseitig zu sehr auf das Vermeiden einer Störung auszurichten und die Planung einer möglichen Unterstützung informeller Kommunikations- und Kooperationsstrukturen (für die effiziente Bewältigung kurzfristig entstehender *Störungen*) zu vernachlässigen.

Die arbeitswissenschaftlichen Zielsetzungen 'Reduzieren bzw. Optimieren von vertikalen (dem Auftragsdurchlauf folgenden) Arbeitsteiligkeiten' und 'Fördern von unmittelbarer, nicht durch technische Medien vermittelter, menschlicher Kommunikation' sind in den Interviews in diesem Planungsabschnitt eine wichtiges Thema. Derartige Zielsetzungen sind in der Regel bei den meist eher technisch und kaufmännisch ausgebildeten betrieblichen Experten häufig weniger bekannt als technisch-ökonomische Zielsetzungen. Nach den Erfahrungen im Pilotvorhaben und in den Übertragbarkeitstests der Instrumentarien ist es deshalb sinnvoll, die Erhebung der Tätigkeitsprofile unter Verwenden der Erhebungsbögen im Rahmen von Gesprächen arbeitswissenschaftlich geschulter externer Berater mit Fachabteilungsvertretern durchzuführen. So ist eine Ausdifferenzierung und Ergänzung der Aufgaben dahingehend zu erreichen, daß eine grobe Bewertung von Arbeitsteiligkeiten und von Kooperationsstrukturen auch nach arbeitspsychologischen und industriesoziologischen Vorstellungen ermöglicht wird. In der Gesprächssituation zwischen dem externen und dem betrieblichen Experten, der die betrieblichen Rahmenbedingungen kennt, kann herausgearbeitet werden, wo

in der Arbeitsteilung und im Kommunikationsverhalten eventuell Schwachstellen (vermeidbare Störungen, vermeidbare "Schnittstellen") und wo
eventuell Stärken (effizientes Bewältigen von nicht vermeidbaren "Störungen", sinnvolle Arbeitsteilungen) vorliegen. Zudem kann die Zielsetzung, die
mit dieser Analyse von Grobtätigkeitsprofilen beabsichtigt wird, im Gespräch
deutlicher gemacht werden als mit schriftlichen Hinweisen, die den Erhebungsbögen beigefügt werden können.

Neben der Erhebung der Tätigkeitsprofile wird in den Interviews zum
Ermitteln organisatorischer Integrationspotentiale Wert gelegt auf die

① Anfrage
② Vorklärung
③ Auftrag
④ Auftragsänderungen
⑤ KO-Auftrag/ KO-Abwicklung
⑥ Hydr./E-KO
⑦ int. Dok./ext. Dok.
⑧ Weitergabe ext. Dok.
⑨ a CAD/NC
⑨ b Int. Dok.
⑩ PC-Terminverfolgung

Bild 15: Darstellung von Kommunikationsstrukturen (Beispiel)

Erhebung der Qualifikationspotentiale in der Abteilung (formale Qualifikationen) und auf die informellen Kommunikations- und Kooperationsbeziehungen innerhalb der Abteilung und von Abteilungsmitgliedern zu abteilungsexternen Stellen und Personen. <u>Bild 15</u> zeigt beispielhaft, wie derartige Strukturen visuell aufbereitet werden können.

Die Gespräche in den einzelnen Fachabteilungen werden vom externen Berater (Interviewer) protokolliert. Die Protokolle werden zunächst dem jeweiligen Gesprächspartner zur Kontrolle und Ergänzung vorgelegt, bevor sie für die Ermittlung von Integrationspotentialen (vgl. Abschnitt 3.3.4) genutzt werden.

3.3.3 Analyse von Vorgangsketten

Die abteilungsinternen Vorgangsketten werden mit ihren Anknüpfungspunkten an abteilungsexterne Stellen bereits im Rahmen der Einzelinterviews in den Fachabteilungen erfaßt. Zur Ergänzung wird für abteilungsübergreifenden Vorgangsketten eine Erhebung dieser Abläufe in Form von Gruppendiskussionen im Lenkungsgremium durchgeführt. In der Regel dürfte es sinnvoll sein, weitere Personen zu diesen Diskussionen hinzuzuziehen, um die zur kompletten Integrationskette differenzierten Aussagen zu erhalten. Dem damit verbundenen Aufwand entsprechend wird hierbei für die Erhebung technisch-funktionaler Aspekte (Ablaufketten/Verfahrensketten) und organisatorischer Aspekte (Vorgangsketten) nicht getrennt vorgegangen. Während bei Verfahrensketten die DV-technischen, funktionalen Schnittstellen im Vordergrund stehen, werden bei den Vorgangsketten die organisatorischen Schnittstellen beschrieben. Beide Aspekte werden in den Gruppendiskussionen thematisiert.

Bei der Ermittlung organisatorischer Integrationspotentiale stehen personale Übergänge innerhalb der Vorgangskette, d.h. Übergänge von Aufgaben von einer Person bzw. Personengruppe zur nächsten, im Vordergrund der Analyse. Als Basis dienen die mit den Erhebungsbögen und in den Einzelinterviews ermittelten Personengruppen, die sich durch ähnliche Tätigkeitsprofile definieren.

Die ermittelten Vorgänge lassen sich optisch so aufbereiten, daß deutlich wird, welche Aufgaben von welchen Personen in welcher zeitlichen Parallelität bzw. in welcher Aufeinanderfolge bearbeitet werden. Ebenso kann man Stellen sichtbar machen, in denen verschiedene Vorgangsketten "zusammenfließen", und die somit als kritische (zu synchronisierenden) Punkte der Fertigungssteuerung betrachtet werden können. <u>Bild 16</u> zeigt verallgemeinert

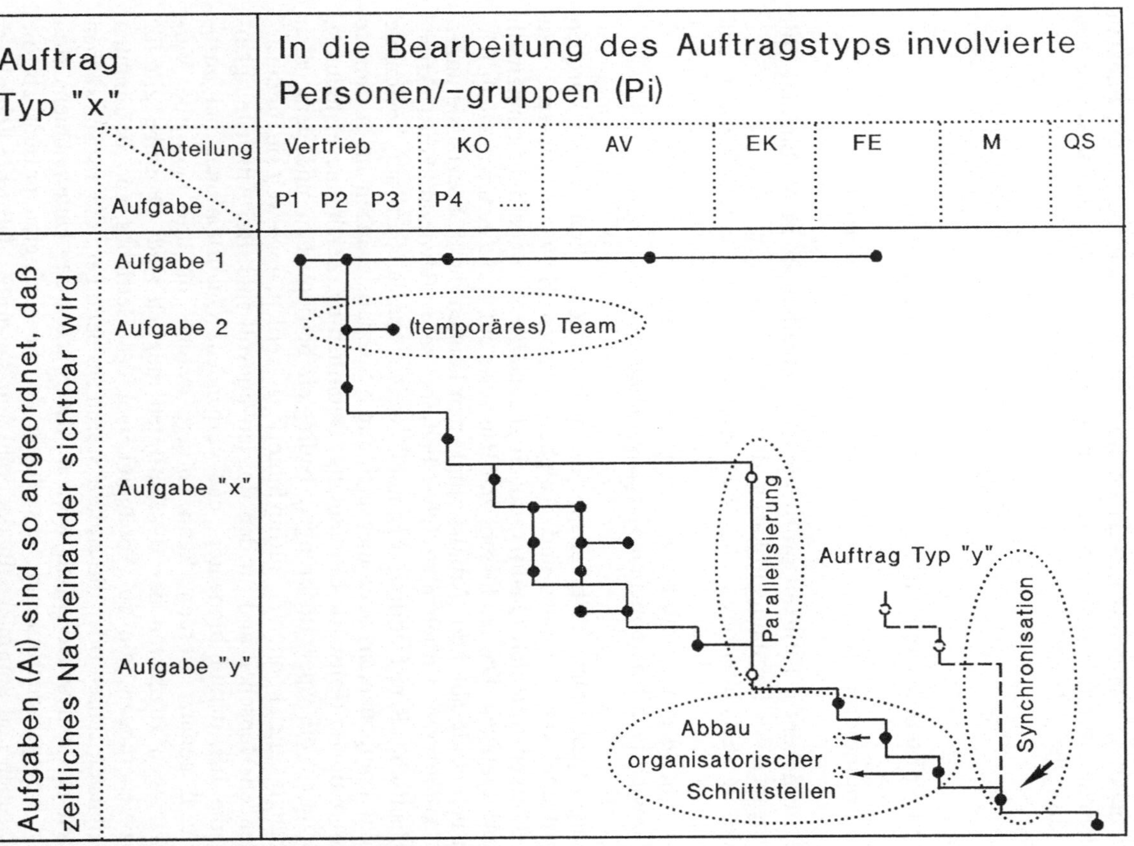

Bild 16: Vorgangsketten-Darstellung (Prinzip)

eine derartige Vorgangskettendarstellung. Die eingezeichneten, mit Punkten umrahmten Begriffe, stellen beispielhaft Integrationspotentiale dar; sie werden im folgenden erläutert.

3.3.4 Ermitteln organisatorischer Integrationspotentiale

Zum Ermitteln organisatorischer Integrationspotentiale werden

- die erhobenen Tätigkeitsprofile in den Abteilungen in Verbindung mit Angaben zur Formalqualifikation der Beschäftigten,
- die in den Interviews der Fachabteilungen ermittelten Stärken und Schwächen, insbesondere hinsichtlich der Dimensionen informeller Kommunikations- und Kooperationsbeziehungen,
- die wichtigen betrieblichen Vorgangsketten

herangezogen. Die Tätigkeitsprofile geben trotz ihrer relativ groben Zuordnung von Personen-und Aufgabengruppen Hinweise auf eine den zugehörigen formalen Qualifikationen angepaßte Arbeitsteiligkeit innerhalb der Abteilungen. Daraus lassen sich Hinweise auf nicht genutzte Qualifikationspotentiale ableiten. Arbeitsteiligkeiten können durch Spezialisierungen auf komplexe Aufgabenbereiche bedingt sein (Hydraulikkonstruktion; mechanische Konstruktion, eventuell weiter spezialisiert auf bestimmte Produktkomponenten) oder aber auch durch Spezialisierungen auf bestimmte Teilfunktionen (Entwurf, Berechnung, Detaillierung, Zeichnungserstellung). Die durch die Spezialisierungen bedingten betrieblichen und personalen Abhängigkeiten können daraufhin hinterfragt werden, inwieweit sie für die arbeitenden Menschen und für den Betrieb sinnvoll sind. Bei Arbeitsteiligkeiten, die z.B. darauf hindeuten, daß vorhandene Qualifikationen nur unzureichend genutzt werden, kann gefragt werden, ob hier sinnvolle Verschiebungen zugunsten der Beschäftigten möglich sind. Dasselbe gilt für Spezialisierungen, die zu Abhängigkeiten des Betriebes von bestimmten Spezialisten führen oder die andere Störungen bedingen, die als Schwächen in den Ist-Analysen deutlich werden. Die Stärken des Unternehmens sind meist weniger deutlich im Bewußtsein der Beschäftigten präsent als die Schwächen und kommen z.B. dadurch zum Ausdruck, daß trotz komplexer und verschiedenartiger Arbeitsaufgaben relativ wenig Störungen beobachtet werden können. Die Aufgabe des CIM-Planers ist es, hierbei z.B. die funktionierenden informellen Kooperationsbeziehungen als bei Umstrukturierungen erhaltenswerte Stärken deutlich zu machen und als (realisiertes) Integrationspotential zu definieren.

Derartige organisatorische Integrationspotentiale lassen sich aus den Tätigkeitsprofilen und Angaben zu Stärken, Schwächen, Qualifikationen, Informationsbeziehungen etc. ableiten, die in Einzelinterviews erhoben werden können. Stärken und Schwächen, die mit abteilungsübergreifenden wichtigen Abläufen zusammenhängen werden bei der Betrachtung der Vorgangsketten deutlich, die als Ergebnis der Gruppendiskussionen aufbereitet vorliegen. Bild 16 zeigt beispielhaft die Ansatzpunkte, wo in Vorgangsketten Integrationspotentiale identifiziert werden können.

Die Vorgangsketten müssen daraufhin untersucht werden, inwieweit

- z.B. durch Bildung temporärer Teams, die mit einer Spezialisierung verbundenen Probleme aufgefangen werden können,
- durch eine Parallelisierung oder durch einen Abbau organisatorischer Schnittstellen Durchlaufzeiten reduziert und ganzheitliche Tätigkeitsstrukturen geschaffen werden können und
- Synchronisationspunkte vorliegen.

Ein "temporäres Team" ist z.B. eine zeitlich auf die Bearbeitung eines schwierigen Auftrags bzw. einer schwierigen Aufgabe begrenzte sehr enge Kooperation von Fachspezialisten, wie z.B. Elektronikkonstrukteur und Hydraulikkonstrukteur oder zwischen Arbeitsplaner und Detailkonstrukteur, die mit dem ausdrücklichen Einverständnis der jeweiligen Abteilungsleiter über die "übliche" Kooperation *bewußt* hinausgeht.

Unter Parallelisierung ist zu verstehen, daß beim Übergang eines Arbeitsergebnisses von einer Person zu einer anderen, die darauf aufbauend weiterarbeitet, in Abhängigkeit bestimmter betrieblicher Gegebenheiten verschiedene Wege be- schritten werden können. Zum Beispiel kann bereits in der Konstruktion erkannt werden, ob ein bestimmtes Bauteil eventuell schwierig zu beschaffen sein wird. Die Bestellung dieses Bauteils durch die Einkaufsabteilung kann dann bereits eingeleitet werden, wenn der zugehörige Auftrag noch parallel die Konstruktion und Arbeitsvorbereitungsabteilungen durchläuft.

Ein Abbau organisatorischer Schnittstellen ist gleichbedeutend mit der Aufgabenanreicherung für bestimmte Personen bzw. Personengruppen. Als Beispiel mag eine Fertigungsinsel gelten, in der in Teamarbeit verschiedene Arbeitsaufgaben bearbeitet werden, im Gegensatz zu Abläufen, in denen der Auftrag von Arbeitsplatz zu Arbeitsplatz wandert.

Als wichtiger organisatorischer Integrationsaspekt sind die Knotenpunkte bedeutsam, bei denen verschiedene Vorgangsketten zusammengeführt werden.

Typische Punkte für das Zusammenfließen verschiedener Vorgangsketten finden sich im Montagebereich, wo z.B. die nach einem Fertigungsprogramm gefertigten Bauteile mit kundenspezifischen Bauteilen zusammenmontiert werden und somit auch terminsynchron zur Verfügung stehen sollten. Hinweise auf solche kritischen Stellen erhält man in der Ist-Analyse, wenn über Störungen wegen "fehlender Teile" oder "fehlender Unterlagen" berichtet wird, die auf eine mangelhafte Synchronisation bzw. Fertigungssteuerung oder Auftragssteuerung zurückgeführt werden können. Solche Störungen können sich in Gesprächen mit Vertretern betrieblicher Fachabteilungen auch in Symptomen wie Zeitdruck oder Unzufriedenheiten wegen "unnötiger" Arbeiten zeigen (z.B. wenn in der Teilefertigung Eilteile in Überstundenarbeit hergestellt werden und sich hinterher herausstellt, daß diese "Eilteile" noch wochenlang in der Montage herumstehen).
Derartige Integrationspotentiale müssen aus der Gesamtheit der vorhandenen Ist-Analysedaten abgeleitet werden. Diese Aufgabe ist insbesondere im organisatorischen Bereich wenn möglich durch Experten mit arbeitswissenschaftlichen Kenntnissen zu leisten. In jedem Fall sind die der Interpretation der Ist-Analysedaten zugrundeliegenden Argumente, Fakten und Thesen, die zur Definition von CIM-Potentialen führen, mit den betrieblichen Experten im Lenkungsgremium zu diskutieren.

3.4 Ermitteln von Faktoren zur Gewichtung der Integrationspotentiale (Modul 3)

Die ermittelten Integrationspotentiale spiegeln zunächst nur innerbetriebliche Stärken und Schwächen wider, die bis dahin weder daraufhin untersucht sind, mit welchen Aufwänden sie zu erschließen sind, noch welchen Stellenwert diese Potentiale gegenüber anderen - nicht mit dem Thema CIM-zusammenhängenden - Betriebsprojekten für die strategische Stellung des Unternehmens im Markt haben. Bevor nun Konzepte für die Erschließung der Integrationspotentiale erarbeitet werden können, muß zunächst der Frage der strategischen Bedeutung einzelner Potentiale nachgegangen werden. Dies ist vor allem deshalb erforderlich, da eine CIM-Planung als langfristige Umgestaltung des Unternehmens auch mit langfristigen Zielen des Unternehmens in Einklang stehen muß. Das hier vorgeschlagene Vorgehen besteht aus zwei Teilen. Zunächst gilt es, ausgehend von Unternehmenszielsetzungen Wettbewerbsfaktoren für die Integrationspotentiale zu ermitteln und zu Gewichtungsfaktoren aufzubereiten. In einem weiteren Schritt, der in Abschnitt 3.5 als Modul 4 des Verfahrens zur Rahmenkonzeptentwicklung beschrieben wird, werden dann die CIM-Potentiale mit Hilfe dieser Gewichtungsfaktoren einem Bewertungsprozeß unterzogen.

3.4.1 Unternehmensziele und Wettbewerbsfaktoren

In einem marktwirtschaftlich orientierten Gesellschaftssystem richten sich langfristige Unternehmensziele auf eine starke Stellung im Markt, die man mit unterschiedlichen Strategien erreichen kann. Art und damit Stellenwert von CIM-Planungen hängen sehr stark davon ab, ob ein Unternehmen z.B. eine generelle Kostenführerschaft anstrebt oder eher eine Differenzierungsstrategie ihrer Produkte im Vordergrund sieht. CIM als Konzept einer flexiblen Fertigung unterstützt insbesondere Strategien, die auf häufigen Produktwechsel und auf kundenspezifische Produktanpassungen setzen. Abhängig von solchen Basisstrategien dürften sich Wettbewerbsfaktoren, wie Qualität, Produktflexibilität, Preis, Lieferzeit, Liefertreue, Stand der Technik etc. unterschiedlich gewichten (vgl. z.B. *Wildemann*, 1988). Gewichtungsfaktoren zur Bewertung der Integrationspotentiale sind somit in erster Linie die unternehmensspezifischen Wettbewerbsvorteile.

Die Ermittlung der bei der Erarbeitung eines CIM-Rahmenkonzeptes zu beachtenden Wettbewerbsfaktoren muß somit von strategischen Unternehmenszielsetzungen ausgehen. Die Festlegung von Unternehmenszielsetzungen ist eine Aufgabe des höheren und mittleren Managements. Es wird hier empfohlen, daß die Leiter der Hauptabteilungen und die Geschäftsführung eines Unternehmens in Form einer Gruppendiskussion zunächst die Unternehmenszielsetzungen und die Unternehmensstrategie der kommenden Jahre diskutieren und vor dem Hintergrund dieser aktuellen Diskussion unmittelbar daran anschließend die wichtigsten Wettbewerbsvorteile definieren, die mit diesen Unternehmenszielsetzungen in Zusammenhang gebracht werden können. Die Anzahl dieser Faktoren sollte dabei zwischen fünf und zehn betragen. Bei einer zu kleinen Anzahl bestünde die Gefahr, daß durch die Konzentration auf diese wenigen Zielkriterien eventuell nachteilige Planungsfolgen außer acht gelassen werden. Die Optimierung und Verbesserung z.B. der Auftragsdurchlaufzeiten geht eventuell zu Lasten einer Einbuße an Produktionsflexibilität; solche möglichen Zusammenhänge müssen mit Hilfe der Planungsmethodik aufgedeckt werden! Eine zu große Anzahl von Wettbewerbsfaktoren macht andererseits die folgende Aufbereitung dieser Kriterien zu Gewichtungsfaktoren (vgl. Abschnitt 3.4.2) zu aufwendig.

3.4.2 Aufbereiten von Wettbewerbsfaktoren zu Gewichtungsfaktoren

Die Definition der Unternehmensziele und die Ableitung der Wettbewerbsvorteile sollte durch die Geschäftsführung und die Hauptabteilungsleiter erfolgen. Im Gegensatz dazu kann die Aufbereitung dieser Wettbewerbsfaktoren zu Gewichtungsfaktoren für die Integrationspotentiale von einem größeren

Personenkreis vorgenommen werden. Sinnvoll ist hierbei, die von CIM-Planungen potentiell betroffenen Fachabteilungen einzubeziehen. Es geht hier darum, vor dem Hintergrund der feststehenden Unternehmensziele die Wettbewerbsfaktoren in eine Rangreihe zu bringen, die Bedeutung dieser Kriterien für die Unternehmenszielsetzung widerspiegelt. Dies kann dadurch geschehen, daß mit der Methode des Paarvergleichs jeweils zwei Kriterien daraufhin untersucht werden, ob sie für die Unternehmenszielsetzung gleichwichtig sind oder unterschiedliches Gewicht haben. Derartige Bewertungen können von betrieblichen Experten einzelner Fachabteilungen vorgenommen werden, empfehlenswerter ist jedoch die Einstufung im Rahmen einer Gruppendiskussion von Beschäftigten verschiedener Fachabteilungen, die dabei zu einem Konsens gelangen müssen. Im Pilotvorhaben wurden beide Wege begangen, d.h., die erforderlichen Einstufungen und Bewertungen wurden von einer Gruppe betrieblicher Experten aus den Bereichen Arbeitsvorbereitung, Konstruktion und Fertigung durchgeführt sowie parallel dazu von Beschäftigten der Vertriebsabteilung. Es zeigten sich sowohl Übereinstimmungen als auch Abweichungen in der eingeschätzten Wichtigkeit der Wettbewerbsfaktoren für die Unternehmenszielsetzung. Weitergearbeitet (im folgenden Planungsmodul) wurde mit einem gemittelten Gewichtungswert, in den das Ergebnis der Bereiche Arbeitsvorbereitung, Konstruktion und Fertigung zu zwei Dritteln, das Vertriebsergebnis zu einem Drittel einfloß. Die Empfehlung, diese Aufgabe in bereichsübergreifender Gruppenarbeit durchzuführen, hat mehrere Gründe:

- Durch Gruppeneinstufungen wird einem spezifischen Nachteil der Methode des Paarvergleichs begegnet: Bei der Anwendung dieser Methode treten sehr leicht logische Widersprüche auf. Im vorliegenden Projekt bestätigte sich ein organisationspsychologisch untersuchtes Phänomen, daß bei komplexen Bewertungsaufgaben ein Gruppenergebnis in der Regel besser ist als Einzelergebnisse, die von den Gruppenmitgliedern erzielt werden (vorausgesetzt, daß bestimmte Bedingungen zur Gestaltung des Gruppenprozesses beachtet werden: vgl. hierzu z.B. *Gebert* und *Rosenstiel* 1981, S. 121ff). Im vorliegenden Fall zeigte sich die bessere "Güte" der Beurteilungen durch die größere Gruppe der Beschäftigten aus Konstruktion, Arbeitsvorbereitung und Fertigung gegenüber dem Urteil der kleinen Gruppe der Vertriebsmitarbeiter darin, daß weniger formallogische Fehler auftraten (die Methode des Paarvergleichs und die Prüfung auf formallogische Fehler ist z.B. beschrieben in *Schmitz*, 1978).

- Die Diskussion zwischen den Vertretern verschiedener Fachabteilungen bei der Bewertung der Wichtigkeit verschiedener Wettbewerbsfaktoren und die Beschäftigung dieser Fachabteilungsvertreter mit den Unternehmenszielsetzungen fördern das gegenseitige Verständnis auch für unterschiedliche Gewichtungen aus unterschiedlichen Aufgabenschwerpunkten der Fachabteilungen heraus. Daneben bildet sie eine gute Basis dafür, in den weiteren Schritten zur Erarbeitung der CIM-Rahmenkonzeption den bei diesem Thema nötigen Blick auf das gesamte Unternehmen auszuweiten und den Beitrag der eigenen Fachabteilung zu einem übergeordneten Ziel besser einordnen zu können.

Wettbewerbs-faktoren	Preis	Qualität	Produktionsflexibilität	Lieferzeit	Liefertermineinhaltung	Produktstandard	Kundenberatung
Preis	X	2	2	1,5	2	2	2
Qualität	1	X	1	1	1,5	2	1
Produktionsflexibilität	1	2	X	2	2	1,5	2
Lieferzeit	1,5	2	1	X	1,5	1	1
Liefertermineinhaltung	1	1,5	1	1,5	X	1,5	1,5
Produktstandard	1	1	1,5	2	1,5	X	1
Kundenberatung	1	2	1	2	1,5	2	X
Summe *	6,5	10,5	7,5	10	10	10	8,5

1 = Zeilenfaktor ist wichtiger

2 = Spaltenfaktor ist wichtiger

1,5 = Beide Faktoren sind gleich wichtig

* Matrixeintragungen aus fiktiver Beispieleinstufung

Bild 17: Gewichtung der Wettbewerbsfaktoren (Schema)

Die Gewichtung der Wettbewerbsfaktoren gegeneinander führt somit zu Bewertungszahlen, die im weiteren als Gewichtungsfaktoren für die Beurteilung der Relevanz einzelner, in der Ist-Analyse aufgezeigter CIM-Potentiale herangezogen werden. Ein wichtiger "Nebeneffekt" der in Gruppendiskussionen zu erarbeitenden Rangreihenbildung der Wettbewerbsfaktoren ist die damit verbundene Auseinandersetzung der in die Planung involvierten betroffenen Fachabteilungsvertreter mit unternehmensstrategischen Überlegungen. Dies bedeutet, daß in jedem Fall einer Gruppenbewertung gegenüber Einzelbewertungen der Vorzug zu geben ist.

<u>Bild 17</u> zeigt das Schema zur Aufbereitung der Wettbewerbsfaktoren zu Gewichtungsfaktoren. Die ermittelten Punktsummen dienen im folgenden einer Modifizierung der Bewertung der Integrationspotentiale bezüglich deren Bedeutung für die Wettbewerbsfaktoren. Sie werden in die Kopfzeile des in *Bild 18* gezeigten Bewertungsschemas als "Multiplikatoren" übertragen.

3.5 Bewerten der Integrationspotentiale (Modul 4)

3.5.1 Unternehmensziele und Integrationspotentiale

In diesem Verfahrensabschnitt erfolgt die Verknüpfung der in den vorausgegangenen Planungsmodulen erzielten Ergebnisse. Die technischen und organisatorischen Integrationspotentiale, die in der Ist-Analyse ermittelt worden sind (Module 1 und 2), werden mit den im Modul 3 aus Unternehmenszielen ermittelten Wettbewerbsfaktoren gewichtet. Dieser Bewertungsschritt wird von den von CIM-Planungen potentiell betroffenen Fachabteilungsvertretern durchgeführt. Es wird der Beitrag geschätzt, den eine Ausschöpfung der in den Ist-Analysen identifizierten Integrationspotentiale für die Unternehmenszielsetzung bzw. für die einzelnen Wettbewerbsfaktoren leistet. Methodisch eignen sich hierfür wiederum Gruppendiskussionen, wobei es hierbei durchaus sinnvoll sein kann, Beurteilungsgruppen zu bilden, in denen verschiedene Fachabteilungsinteressen ohne Konsenszwang zur Geltung kommen können. Das heißt, es werden Beurteilungsgruppen gebildet, die relativ leicht zu einem Konsens finden können. Vertreter der auf den Markt orientierten Fachabteilungen Vertrieb, Kundendienst usw. können z.B. diese Einschätzungen zunächst unabhängig von den Einstufungen der auf betriebliche Probleme orientierten Fertigungsabteilungen vornehmen (im Pilotvorhaben wurden die Einstufungen von einer Gruppe "Vertrieb", einer Gruppe "Fertigung" und einer Gruppe mit Beschäftigten aus Planungsabteilungen, insbesondere der Arbeitsvorbereitung und der Bereiche Organisation bzw. Datenverarbeitung, vorgenommen).

Die Integrationspotentiale werden den Bewertungsgruppen in Form von in wenigen Sätzen formulierten "Vorschlägen" für Aktivitäten (Projektvorschläge) und Statements zu aus CIM-Sicht wünschenswerten Veränderungen sowie zu erhaltenswerten Ist-Zuständen (Stärken) präsentiert. Sie werden bei der Bewertung jeweils vorher diskutiert und gemeinsam konkretisiert.

3.5.2 Gewichten und Aufbereiten der Bewertungen

In Bild 18 werden fünf Beispiele möglicher Potentiale vorgestellt (im Pilotvorhaben waren 23 Integrationspotentiale identifiziert worden):

1. Einführung und Ausbau einer CAD/NC-Koppelung,
2. Investition in ein flexibles Fertigungssystem bzw. Bearbeitungszentrum,
3. Einführung von PPS für definierte Aufgabenbearbeitungen,
4. Ausbau von CAD,
5. Umstrukturierung von Fertigungsbereichen zu Produktionsinseln.

Das Schema zur Gewichtung der CIM-Potentiale ist in Bild 18 wiedergegeben. Die Bewertungsgruppen diskutieren und bewerten die Integrationspotentiale dahingehend, ob sie die Wettbewerbsfaktoren mehr oder weniger positiv oder negativ beeinflussen. Es wird mit Hilfe einer Rating-Skala bewertet, die vom Wert -3 (sehr negativer Beitrag) bis zum Wert +3 (sehr positiver Beitrag) abgestuft ist. Die Diskussionen werden möglichst von neutralen Externen moderiert.

Die Bedeutung jedes einzelnen Integrationspotentials für jeden der im Planungsmodul 3 ermittelten strategischen Wettbewerbsfaktoren wird durch Multiplikation dieser Schätzwerte (-3 bis +3) mit dem Punktsummenwert aus der Rangreihe der Wettbewerbsfaktoren, der im Planungsmodul 3 ermittelt worden ist, ermittelt. Jedes Integrationspotential bekommt dadurch einen seiner Bedeutung bezüglich der Unternehmenszielsetzung und seiner Bedeutung in einem Wettbewerbsfaktor entsprechend gewichteten Punktwert. Die Summe der Punktwerte jedes Integrationspotentials über alle Wettbewerbsfaktoren hinweg kann somit als aggregiertes Maß für die Bedeutung eines Integrationspotentials vor dem Hintergrund strategischer Unternehmenszielsetzungen aufgefaßt werden (vgl. Bild 18).

Um die Ergebnisse dieser Bewertungen übersichtlich aufzubereiten und Übereinstimmungen und Unterschiede zwischen verschiedenen Bewertungsgruppen deutlich werden zu lassen, bietet sich eine graphische Aufbereitung entsprechend Bild 19 an, die für jedes Integrationspotential die so ermittelten Punktsummen aufzeigt. Diese Darstellung zeigt, ob Einstufungen verschiede-

1) Multiplikatoren	6,5	10,5	7,5	10	10	10	8,5	
Wettbewerbs-faktoren / CIM-Potentiale	Preis	Qualität	Produktionsflexibilität	Lieferzeit	Liefertermineinhaltung	Produktstandard	Kundenberatung	Summe 2)
(1) CAD/NC	0	1	3	2	1	0	0	
	0	10,5	22,5	20	10	0	0	63
(2) FFS								
(3) PPS	0	0	3	2	3	0	2	
	0	0	22,5	20	30	0	17	69,5
(4) CAD								
(5) Prod.inseln								

1) Abgeleitet durch Paarvergleich (Planungselement Nr. 3)
2) Beitrag zur Erreichung strategischer Ziele
3) +3 = CIM-Potential beeinflußt Wettbewerbsfaktor positiv
   −3 = CIM-Potential beeinflußt Wettbewerbsfaktor negativ

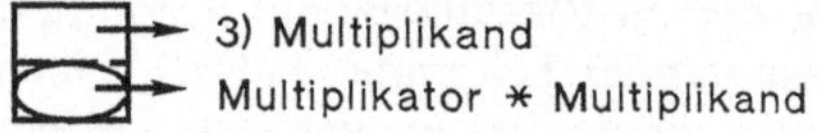

Bild 18: Gewichtung von Integrations-(CIM-)Potentialen (Beispiel)

ner Gruppen sehr ähnlich sind (vgl. z.B. die Einstufungen zum Integrationspotential Nr. 7), oder ob sehr große Unterschiede in der Einschätzung zu beobachten sind (vgl. zum Beispiel Integrationspotential Nr. 9).

Die Darstellung zeigt außerdem, welche Potentiale eine besonders hohe Bedeutung für die Unternehmenszielsetzungen haben können (vgl. zum Beispiel Potential Nr. 4) und ob die Erschließung einzelner Integrationspotentiale eventuell sogar negative Auswirkungen auf die Unternehmenszielsetzungen haben könnte (vgl. zum Beispiel Potential Nr. 11).

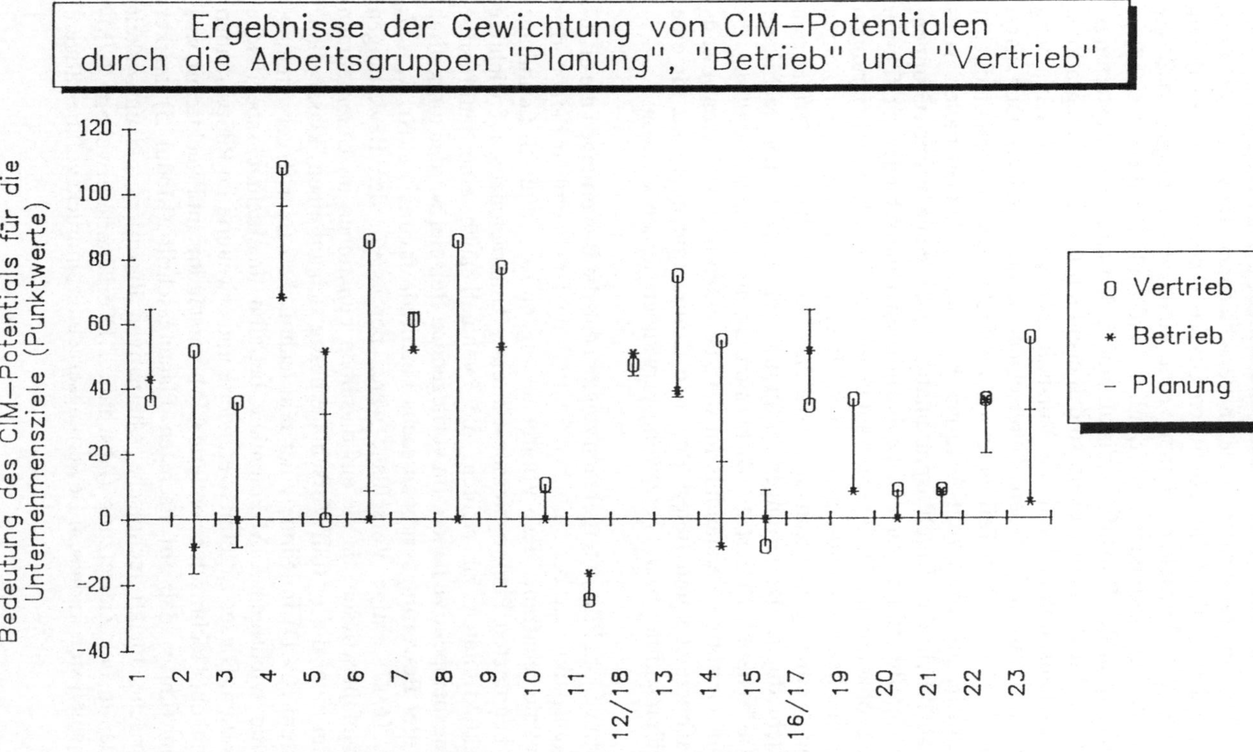

Bild 19: Darstellung der gewichteten Integrations-(CIM-)Potentiale

Die im einzelnen teilweise sehr großen Unterschiede bei der Einschätzung der Bedeutung der Integrationspotentiale in verschiedenen Bewertungsgruppen müssen auf jeden Fall auf die möglichen Ursachen dieser Unterschiede hin diskutiert werden. Ursachen können zum einen darin liegen, daß die Vorschläge zu wenig konkret ausformuliert sind und sich die meist nötige Konkretisierung in der Einstufungsdiskussion in den einzelnen Bewertungsgruppen unterschiedlich entwickelt, so daß eventuell bei einem Integrationspotential durchaus unterschiedliche Vorstellungen zu seiner Erschließung entwickelt und bewertet werden. Unterschiede können jedoch auch darin liegen, daß die spezifischen Teilinteressen und Sichtweisen unterschiedlicher Betriebsbereiche im Urteil zum Ausdruck kommen. In beiden Fällen ist es sinnvoll, anläßlich der Ergebnispräsentation eine gemeinsame Gruppendiskussion der Beteiligten zu den beobachtbaren Unterschieden zu führen. Sollten die beobachtbaren Differenzen auf unterschiedliche Konkretisierungen der Vorschläge basieren, kann an dieser Stelle eine Korrektur vorgenommen werden, die zu einem gemeinsamen Verständnis führt. Sollten die Differenzen auf unterschiedliche Bewertungen aufgrund unterschiedlicher fachlicher Standpunkte basieren, fördert die Diskussion um diesen Sachverhalt das für CIM-Planungen nötige Verständnis für die Interessen und Aufgaben jeweils anderer Fachbereiche und liefert Pro- und Contraargumente, die für eine Kompromißeinstufung bzw. -bewertung verwendet werden können.

Die Erfahrungen im Pilotunternehmen zeigten, daß die Bewertungen die erforderliche Transparenz zur betrieblichen Beurteilung der sinnvoll anzugehenden CIM-Potentiale schaffen. Diese Vorarbeiten eignen sich somit als Grundlage dafür, die begrenzten Planungsressourcen eines Unternehmens auf wichtige CIM-Projektaktivitäten zu richten, die eventuell auch eine langfristige Realisierungsperspektive haben. Im vorliegenden Beispiel wurden einheitlich von allen drei Bewertungsgruppen sechs Potentiale favorisiert (Nr. 1, 4, 7, 12/18, 13, 16/17; einige Vorschläge waren bereits vor den Bewertungen zusammengefaßt worden, da sie auf dieselben Funktionen im Unternehmen zielten). Nur einer dieser fünf Vorschläge bezog sich auf einen "klassischen" CIM-Baustein (CAD) im Sinne einer rein technischen Begriffsverwendung. Die weiteren wichtigen CIM-Potentiale betrafen unternehmensspezifische Vorgangsketten. Dieses Ergebnis veränderte und erweiterte im Pilotvorhaben das bis dahin eher technisch orientierte CIM-Verständnis im Projektteam, was auch dahin führte, daß im nächsten Planungsschritt (Modul 5) stärker organisatorische anstatt technische Alternativen diskutiert und entwickelt wurden. Das in der Zielsetzung (Abschnitt 1.1) erläuterte erweiterte CIM-Verständnis ließ sich in diesem Bewertungsergebnis eindrucksvoll bestätigen.

3.6 Erarbeiten von CIM-Rahmenkonzepten (Modul 5)

3.6.1 Strukturieren der Integrationspotentiale

Nachdem die vorherigen Projektphasen Aufschluß über die Integrationspotentiale und deren Bedeutung gegeben haben, muß nun eine Konzeption erarbeitet werden, wie diese Potentiale nutzbar gemacht werden können. Da in einem Unternehmen nur eine begrenzte Planungskapazität zur Verfügung steht, muß zunächst ein Weg gefunden werden, der durch geeignete Auswahl aus den Potentialen oder durch geeignete Strukturierung der Potentiale zu übergeordneten Planungsthemen einen optimalen Einsatz der Planungsressourcen gewährleistet. Die Dominanz bestimmter Integrationspotentiale, die sich im vorangegangenen Bewertungsprozeß gezeigt hat, basiert auf der Gewichtung mit aus Unternehmenszielen abgeleiteten strategischen Wettbewerbsfaktoren. Es kommen damit im wesentlichen strategische Ziele zum Tragen, noch nicht jedoch die mit der Erschließung der strategischen Potentiale verbundenen Kosten (es sei denn indirekt als sehr pauschale Abschätzung zu einem vorher eventuell definierten Marktfaktor "Produktpreis"). Die Überlegungen zur Konzentration auf bestimmte Planungsthemen müssen dem dadurch Rechnung tragen, daß ein völliges "Ausselektieren" einzelner Integrationspotentiale zu diesem Zeitpunkt möglichst vermieden wird. Es ist vielmehr zu empfehlen, daß das Projektlenkungsgremium zunächst nach möglichen synergetischen Aspekten zwischen den einzelnen Projektmöglichkeiten sucht und versucht, die einzelnen Integrationspotentiale zu Gruppen zusammenzufassen, die *im Zusammenhang von einer (zu bildenden) Arbeitsgruppe* auf Realisierungsmöglichkeiten hin untersucht werden können. Dabei kann so vorgegangen werden, daß zunächst die hochgewichteten Integrationspotentiale daraufhin untersucht werden, inwieweit sie mehr oder weniger Betriebsabteilungen betreffen und welche Bedeutung sie für einzelne Unternehmensbereiche aufweisen. Die Vorschläge können z.B. thematisch so gruppiert werden, daß alle Potentiale zusammengefaßt werden, die

- primär auf bestimmte Betriebsbereiche (z.B. den Fertigungsbereich oder den Konstruktionsbereich) zielen,
- bestimmten Vorgangsketten wesentlich beeinflussen (z.B. Angebotserstellung),
- bestimmte wichtige (bereichsübergreifende) Aufgaben betreffen (z.B. Stücklistenwesen, Auftragsbearbeitung).

Einzelne Integrationspotentiale können durchaus mehrmals, in verschiedenen "Potentialgruppen", zum Ansatz kommen. Im Pilotvorhaben ließen sich vier Cluster von Integrationspotentialen bilden, von denen zwei sich eher auf betriebsweite Vorgangsketten richteten und zwei in ihren Wirkungen sich vorwiegend auf jeweils eine Hauptabteilung beziehen ließen.

Arbeiten zur Konkretisierung von Rahmenkonzeptionen sollten sich zunächst vorwiegend auf hochgewichtete Integrationspotentiale richten, die nur durch betriebsweite Zusammenarbeit erschlossen werden können. Die dadurch initiierten Planungsprozesse, in die Betroffene der verschiedenen Bereiche einbezogen werden, fördern bei den Beschäftigten den mit CIM-Planungen verbundenen Integrationsgedanken.

Die Auswahl der zunächst zu bearbeitenden Potentiale erfolgte im Lenkungsgremium. Im Pilotvorhaben wurden die beiden betriebsweit wirkenden Potentialcluster zur weiteren Konkretisierung ausgewählt.

3.6.2 CIM-Rahmenplanung zur Erschließung der Integrationspotentiale

Mit den Planungen zum Erschließen der ausgewählten Integrationspotentiale werden Arbeitsgruppen beauftragt (im Pilotvorhaben waren dies zwei Arbeitsgruppen, die jeweils eines der beiden ausgewählten Potentialcluster bearbeiteten). Hierbei ist auf eine Beteiligung der von den Planungen künftig Betroffenen zu achten. Es empfiehlt sich, die Moderation dieser Arbeitsgruppen externen Beratern (oder dem Thema gegenüber "neutralen" betrieblichen Experten der Lenkungsgruppe) zuzuordnen, um im Unternehmen eingespielten Machtstrukturen entgegenzuwirken. Insbesondere muß mit der Moderation der Arbeitsgruppen erreicht werden, daß den in Abschnitt 1.1 (Zielsetzung) erläuterten Sichtweisen einer CIM-Planung, die organisatorische und personale (tätigkeitsbeschreibende) Aspekte in den Vordergrund stellt und technischen Möglichkeiten einen Werkzeugcharakter zuweist, in den Planungen Rechnung getragen wird. Das heißt, in einer ersten Phase der Gruppenarbeit muß deutlich gemacht werden, daß in der nun erfolgenden zunehmenden Konkretisierung der Planungen jeweils integriert sowohl DV-technische als auch organisatorische und personenbezogene Maßnahmen und Wirkungen zu diskutieren sind. Weiterhin soll die Moderation dahingehend wirken, daß nicht zu schnell für bestimmte Teilfragen detaillierte Konzepte erarbeitet werden. Vielmehr sind Gesamtszenarien (Rahmenkonzepte) so zu diskutieren und zu entwickeln, daß Gestaltungsalternativen sichtbar werden und insbesondere die als Leitlinien konzipierten Zielvorstellungen hinsichtlich der Erhaltung von informellen Kommunikations- und Kooperationsbeziehungen und der Gestaltung von Arbeitstätigkeiten mit ganzheitlichem Zuschnitt, in denen Verantwortung und Kompetenz in Einklang stehen, wirksam bleiben.

In dieser ersten Phase der Gruppenarbeit sind außerdem die bisherigen Planungsschritte seit der Ist-Analyse zu rekapitulieren, um eventuell bisher nicht in den Planungen involvierten Beschäftigten Gelegenheit zu geben, sich damit auseinanderzusetzen. Das heißt, Fakten aus den Ist-Analysen, die zur Identifizierung der Integrationspotentiale führten, müssen zunächst nochmals zur Diskussion gestellt werden, und es muß deutlich gemacht werden, welche Bedeutung bzw. welche Erwartungen mit deren Realisierung verbunden sind.

Die Erfahrungen im Pilotunternehmen mit diesem Vorgehen zeigen, daß es sinnvoll ist, bereits mit konzeptionellen Vorüberlegungen in die dann folgende, eigentliche Arbeitsphase einzutreten und die Diskussion auf mögliche Alternativen, Modifikationen, Ergänzungen und Änderungen bereits vorgegebener Planungsideen zu lenken. Es ist sinnvoll, daß von betrieblichen Planungsexperten und externen Beratern entsprechende Vor- und Zuarbeiten für die Arbeitsgruppen geleistet werden.

Eine weitere Erfahrung aus der Pilotanwendung ist, daß im Zuge der Konkretisierung der Planungen in den Arbeitsgruppen zusätzliche Informationen in den Fachabteilungen erhoben werden müssen. Das heißt, die Daten der Ist-Grobanalyse, die als Grundlage für die Ermittlung der Integrationspotentiale dienten, sind mit zunehmender Konkretisierung nicht mehr ausreichend.

Weiterhin ist davon auszugehen, daß in mittelständischen Unternehmen bereits zu Beginn der CIM-Planungen DV-Projektplanungen existieren. Diese Planungen müssen spätestens in dieser Phase der Erarbeitung der CIM-Rahmenkonzeptionen in geeigneter Form von den Arbeitsgruppen aufgegriffen und in ihren Berührungspunkten mit der angestrebten Rahmenkonzeption berücksichtigt werden. Zur Unterstützung der Arbeitsgruppen sind hierfür ggfs. Informationssitzungen einzuplanen, in denen der Stand der hierzu relevanten DV-Projekte vermittelt wird.

Das Ziel der Arbeitsgruppen ist es, die Konkretisierung der Planungen so weit voranzutreiben, daß die technischen, organisatorischen und personalen Voraussetzungen zur Erschließung der Integrationspotentiale einer Bewertung zugänglich sind. Die Konkretisierung sollte so weit gehen, daß Gestaltungsalternativen deutlich werden und die damit verbundenen investiven, qualifikatorischen und organisatorischen Voraussetzungen unterschiedlich konzipierter Vorgangsketten. Darüber hinaus müssen die Nutzenerwartungen und Aufwandserwartungen soweit sichtbar werden, daß eine anschließende erste grobe Bewertung möglich wird. Eine weitere Detaillierung der Planungen ist erst dann sinnvoll, wenn die entsprechenden Bewertungen dieser Rahmenkonzepte nach Human- und Wirtschaftlichkeitsaspekten erfolgt sind. Diese weiteren Detaillierungen der dann auf Basis der Bewertungen ausgewählten Alternativen sind nicht mehr Gegenstand der Planung eines Rahmenkonzeptes, sondern sind Realisierungsplanungen, die sinnvollerweise jedoch ebenfalls von den betroffenen Beschäftigten in Form von Arbeitsgruppen mitgetragen werden sollten.

Im Verlauf der Planungen im Pilotunternehmen ist es - dies zur Ergänzung und als Hinweis auf eine eventuell sich ergebende Möglichkeit - gelungen, die Ergebnisse der beiden Arbeitsgruppen in einer gemeinsamen Sitzung zu einem übergeordneten Planungsthema zusammenzuführen, auf das sich die Integrationsaktivitäten der verschiedenen Betriebsbereiche richten können.

3.7 Bewerten der CIM-Rahmenkonzepte (Modul 6)

Die Bewertung der von den Arbeitsgruppen entwickelten CIM-Rahmenkonzeptionen erfolgt durch die betrieblichen Experten im Lenkungsgremium und weitere Beschäftigte des Unternehmens, die für die Realisierung der damit verbundenen Ziele Verantwortung tragen. Die Arbeitsgruppenergebnisse werden dazu so aufbereitet, daß sie einer methodischen Bewertung zugänglich sind. Hierzu müssen die geplanten Vorgangsketten in Teilabschnitte zergliedert werden, die jeweils bezüglich ihrer organisatorischen, DV-technischen und/oder personellen Aspekte abgrenzbar sind. Für diese Teilabschnitte werden ablauforganisatorische, personale und technische Alternativen als Szenarien skizziert. Es ist zu empfehlen, diese Aufgabe von den externen Beratern im Lenkungsteam durchführen zu lassen, die auch die Moderation der im Unternehmen stattfindenden Bewertungsprozesse übernehmen sollten.

3.7.1 Bewerten nach Humankriterien

Falls im vorherigen Planungsmodul 5 (Abschnitt 3.6: Erarbeitung von Rahmenkonzeptszenarien durch betriebliche Arbeitsgruppen) - wie empfohlen - externe, arbeitswissenschaftlich geschulte Berater teilnehmen, können bereits in der Entwicklung von Konzeptalternativen Humankriterien und deren Zusammenhänge mit Arbeitsgestaltung diskutiert und berücksichtigt werden. Insbesondere zu thematisieren sind hierbei:

- Beteiligung Betroffener am Planungsprozeß und Qualifizierung,
- dezentrale Organisationsstrukturen,
- ganzheitliche Arbeitsinhalte,
- Informationswesen- und -gestaltung (Aspekte technischer und menschlicher Informationsverarbeitung und Kommunikation).

Davon unabhängig sollte im hier beschriebenen Planungsschritt eine rückblickende Bewertung des bisherigen Vorgehens sowie eine Diskussion und Bewertung des von den Projektpartnern aufbereiteten Planungsergebnisses der Arbeitsgruppen nach Humankriterien, im Rahmen einer Gruppendiskussion zumindest der Projektlenkungsgruppe, erfolgen. Zunächst wird eine prinzipielle Bewertung der Relevanz der genannten Humankriterien im Zusammenhang mit der Erarbeitung eines CIM-Rahmenkonzeptes vorgenommen, unabhängig von spezifisch Problemstellungen und Vorgehensweisen im zu betrachtenden Projekt. Die Teilnehmer der Bewertungsgruppe sollen sich darüber austauschen, welche der aufgeführten Humankriterien aufgrund ihrer bisherigen Arbeits- und Berufserfahrung wichtig bzw. weniger wichtig im Hinblick auf die Erarbeitung eines CIM-Rahmenkonzeptes sind. Einerseits kann mit den Teilnehmern der Bewertungssitzung damit nochmals vorab das Begriffsverständnis einzelner Kriterien diskutiert werden; andererseits wird dadurch vermieden, daß sich die Teilnehmer bei ihren Bewertungen ausschließlich am bisherigen Vorgehen und Ergebnis des Projektes orientieren.

Die somit vom Projekt relativ unabhängigen Einschätzungen dienen wesentlich dazu, einen fundierten Einstieg in die Bewertung der im folgenden auch als CIM-Szenarien bezeichneten CIM-Rahmenkonzeptalternativen zu erreichen. Kommt die Gruppe zu einer hohen Bewertung des jeweiligen Humankriteriums, so bedeutet dies, daß in dem später auszuwählenden Szenarium diesem Kriterium auch ein entsprechender Stellenwert eingeräumt werden sollte.

Prinzipiell ist bei der Bewertung von Rahmenkonzepten zu berücksichtigen, daß sich die Bewertungen nicht nur auf die Planungsergebnisse, sondern auch auf Planungsmethoden beziehen. In einem zweiten Bewertungsschritt werden deshalb die einzelnen Phasen des Planungsprozesses selbst im Hinblick auf die Teamzusammensetzung bewertet. Es ist die Frage zu beantworten, wer zu welchem Zeitpunkt an der Entwicklung und an Entscheidungen über das CIM-Rahmenkonzept beteiligt war. Dies dient der Reflexion, inwieweit bisher Beteiligungsaspekte im Planungsprozeß berücksichtigt wurden und kann korrigierend auf das weitere Vorgehen in den der CIM-Rahmenplanung folgenden Umsetzungsprojekten wirksam werden.

Die im folgenden vorgestellten Kriterien wurden von den betrieblichen Experten im Pilotvorhaben als wichtig bzw. sehr wichtig eingestuft:

- Abteilungsübergreifende Beteiligung von Führungskräften und einzelnen Mitarbeitern der Abteilungen bei der Erarbeitung des CIM-Rahmenkonzeptes. Gerade durch diese Beteiligung findet der Betrieb zu seinem eigenen "CIM-Vorgehen". Es besteht dann nicht die Gefahr, daß externe Experten vermeintliche Lösungen "überstülpen". Die Beteiligung der einzelnen Mitarbeiter in den Fachabteilungen ist zwar bei der Erarbeitung des CIM-Rahmenkonzeptes noch nicht vorrangig; sie wird allerdings in den nachfolgenden Phasen der Konkretisierung einzelner Schritte an Bedeutung gewinnen und ist somit bereits in der Phase der Rahmenkonzepterarbeitung als "sehr wichtig" anzusehen.

- Eine "Schnittstellenreduzierung" durch Abbau von Hierarchieren und Zusammenfassung von Arbeitsschritten wird für ein CIM-Vorhaben als "sehr wichtig" betrachtet. Damit verbunden ist eine Veränderung der Aufbau- und der Ablauforganisation hin zu selbstregulierenden dezentralen Organisationseinheiten. Damit eng verbunden werden die Humankriterien "Einheit von Kompetenz und Verantwortung" sowie "Förderung von Kooperations- und Kommunikationsmöglichkeiten" als sehr wichtig angesehen.

- Bei der Arbeitsgestaltung ist es sehr wichtig darauf zu achten, daß nicht einzelne Personengruppen ausschließlich EDV-gestützte Arbeiten erledigen, während andere Arbeitnehmergruppen prinzipiell nur mit konventionellen Arbeitsvollzügen betraut werden. Ganzheitliche Arbeitstätigkeiten mit Handlungs- und Entscheidungsspielräumen sind als Mischarbeitsplätze zu gestalten.

- Die Arbeit in abteilungsübergreifenden Projektteams wird als sehr wichtige vorbereitende und begleitende Qualifizierungsmaßnahme im Zusammenhang mit der Einführung von CIM verstanden. Durch die gemeinsamen Gespräche und Diskussionen im Zuge dieser Beteiligungsmaßnahmen wird eine hohe Planungstransparenz erreicht. Sehr wichtig ist es auch, den aktuellen Diskussionstand durch den jeweiligen Vertreter des Lenkungsteams in Form von abteilungsinternen Informationsveranstaltungen in die einzelnen Abteilungen weiterzugeben.

- Als weitere wichtige Qualifizierungsmaßnahme wird in der ersten Phase der Orientierung über die CIM-Diskussion die Teilnahme an Messen, Kongressen, etc. gesehen. Zugleich wird jedoch hervorgehoben, daß die dort vorgetragenen Inhalte bei eigenen konkreten Planungs- und Umsetzungsaktivitäten zu wenig praxisorientiert sind und jeder Betrieb letztlich seinen eigenen Weg finden muß.

- Die Einbeziehung von Arbeits- und Sozialwissenschaftlern als externe Experten wird in den Phasen der "Erarbeitung von CIM-Potentialen", "Erarbeitung alternativer CIM-Rahmenkonzepte" und der "Abschätzung der

Konsequenzen/Auswirkungen alternativer Konzepte" als sehr wichtig eingestuft.

- Einzelne betriebliche Experten müssen sich bereits während der Erarbeitung eines CIM-Rahmenkonzeptes bei EDV-Anbietern sachkundig machen. Je konkreter die Planungen werden, desto bedeutender werden weitere externe und interne Qualifizierungsmaßnahmen. Bei den internen Qualifizierungs- maßnahmen ist es sehr wichtig, daß pädagogisch geschulte Ansprechpartner mit entsprechend ausgewiesenen zeitlichen Kapazitäten für die Abteilungen zur Verfügung stehen.

- Die Beteiligung der Betroffenen bei der Erarbeitung von Datenstrukturen und -inhalten, die benutztergerechte Bereitstellung von Informationen sowie die Gewährleistung potentieller Zugangsberechtigung zu von den Benutzern definierten Informationen werden prinzipiell als "sehr wichtig" eingestuft.

In einem weiteren Bewertungsschritt erfolgt dann die Bewertung der erarbeiteten alternativen CIM-Szenarien anhand ausgewählter Humankriterien. Hierbei geht es um die Frage, welche Anforderungen an ein konkretes, betriebsspezifisches CIM-Rahmenkonzept unter Humanisierungsgesichts- punkten zu stellen sind:

Die CIM-Rahmenkonzept-Szenarien haben antizipativen Charakter, d.h. die Gruppe muß sich über noch offene Fragen bzw. Sachverhalte klar werden und bei der Bewertung einzelner Szenarien die Bedeutung der Kriterien voraus- schauend einschätzen. Aus der Antizipation möglicher Problemfelder müssen dann im Zuge der weiteren Konkretisierung der Rahmenplanung Anforderun- gen an die personelle, technische und organisatorische Auslegung in Form eines (sozialen) Pflichtenheftes erarbeitet werden.

Im Pilotvorhaben wurden die von den Arbeitsgruppen unter Beteiligung von KTE, FhG-ISI und IFAO entwickelten zwei - in der organisatorischen Auslegung alternativen - CIM-Szenarien zur Diskussion gestellt und von den Mitgliedern der Projektlenkungsgruppe bewertet. Dabei wurde für jedes betrachtete Humankriterium eine Entscheidung getroffen und festgehalten, die über Gruppenkonsens bzw. bei kontroversen Einschätzungen über Mehrheits- entscheidung erzielt wurde. Ergebnis war jeweils die Wahl eines der beiden alternativen Szenarien, wobei die in der Diskussion erarbeiteten ausschlagge- benden Argumente festgehalten wurden.

Dieses Vorgehen hat nicht die Funktion, über Punktwertvergabe quasi zwangsläufig zur Wahl eines Szenarios zu führen. Die Funktion besteht vielmehr in der Strukturierung des Diskussionsprozesses über die alternativen

Szenarien. Dabei sollen die Wirtschaftlichkeitsbewertungen (vgl. Abschnitt 3.7.2) um weitere, nicht monetarisierbare Dimensionen ergänzt werden.

Die im Pilotvorhaben entwickelte Vorgehensweise zur Bewertung der Humanisierungsvoraussetzungen und -wirkungen sowie die eingesetzten Bewertungsblätter, <u>Bild 20</u>, sind nicht selbsterklärend. Da bisher nicht davon ausgegangen werden kann, daß Fragestellungen einer menschengerechten Arbeitsgestaltung zum festen Bestandteil des betrieblichen Alltags gehören, ist eine diesbezügliche Sensibilisierung und Erläuterung gerade auch in klein- und mittelständischen Unternehmen durch Externe weiterhin erforderlich. Hinzu kommt die Problematik, daß das umfassende Thema CIM allein unter technischen Gesichtspunkten aufgrund seiner Komplexität neue Anforderungen an Führungskräfte und Mitarbeiter stellt. Vielfach resultiert aus dem Bestreben, Komplexität zu reduzieren, um praktische Lösungen zu entwickeln, ein vereinfachtes CIM-Verständnis, das sich auf die informationstechnische Verknüpfung einzelner EDV-Systeme beschränkt. Organisatorische und personale Fragestellungen bleiben dabei manchmal zunächst unberücksichtigt, da man davon ausgeht, daß sie sich zwangsläufig in Abhängigkeit von der Technik weiterentwickeln werden. In Anbetracht der Bedeutung von organisatorischen Veränderungen und den damit verbundenen Veränderungen von Arbeitstätigkeiten ist jedoch allen Unternehmen zu empfehlen, CIM aus der betriebsspezifischen Problemlage abteilungsübergreifend zu diskutieren und den Handlungsbedarf nicht nur von den technischen Notwendigkeiten her festzulegen. Weiterhin ist zu empfehlen, die Planung weitgehend eigenverantwortlich durchzuführen. Dies bedeutet jedoch nicht, daß man auf die Unterstützung von Experten der DV-Systemanbieter und auf arbeitswissenschaftlich geschulte Experten verzichten kann.

Unter dem Aspekt der Übertragbarkeit und forcierten Umsetzung des im Pilotvorhaben gewählten Vorgehens in weiteren mittelständischen Unternehmen wäre es sicherlich wünschenswert, ein möglichst einfaches, sich selbst erklärendes Instrumentarium einsetzen zu können. In Anbetracht der Komplexität der Materie und der verhältnismäßig geringen Vorerfahrungen der Betriebe, Humanisierungskriterien systematisch in ihre Planungen einfließen zu lassen, müßte ein solches Instrumentarium entweder sehr umfangreich und damit wiederum kaum noch handhabbar sein, oder aber die Kriterien würden so allgemein formuliert, daß die Verbindung mit spezifischen betrieblichen Problemlagen kaum noch hergestellt werden könnte.

Die Entwicklung der hier vorgestellten Vorgehensweise mußte sich - nicht zuletzt aufgrund der Planungsökonomie - an einem praxisnahen Vorgehen mit möglichst geringem Zeitaufwand für die Teilnehmer der Bewertungsrunde orientieren. Wichtig dabei ist, daß sich die Betroffenen über einen gemein-

<u>Qualifizierung</u>

<u>Fragestellung:</u>
Welche Qualifizierungsmaßnahmen werden bei den
beiden Szenarien für welche Personen(gruppen)
durchgeführt werden (müssen)?

Bewertungskategorien: + gewährleistet

          0 indifferent < 0+ zu gewährleisten / 0- unbedeutend

          - nicht gewährleistet

                                   S 1   S 2

Prozeßbegleitende Qualifizierung

-- Interne Maßnahmen:

   - Abteilungsinterne Projektgemeinschaften
     (in einzelnen Fachabteilungen)

     o _____________________   ____ ____

   - Abteilungsübergreifende Informa-
     tionsveranstaltungen für

     o _____________________   ____ ____

-- Fachliche Schulungen (intern/extern)

   - Direkte Qualifizierung aller
     Betroffenen

     o _____________________   ____ ____

   - Indirekte Qualifizierung über aus-
     gewählte MitarbeiterInnen

     o _____________________   ____ ____

-- Systematische interne Betreuung durch
   pädagogisch geschulte Personen für

     o _____________________   ____ ____

Entscheidung für: Szenarium 1 ___ Szenarium 2 ___

<u>Bemerkungen:</u>

Bild 20: Bewertungsblatt "Humankriterien" (Beispiel)

samen Diskussionsprozeß über die Vorteile und Nachteile verschiedener Szenarien anhand einzelner Humanisierungskriterien klar werden. Wichtiger Bestandteil des Bewertungsvorgehens ist also der Austausch von Argumenten zwischen Vertretern unterschiedlicher Abteilungen, Hierarchieebenen und der Interessenvertretung der Arbeitnehmer, um konträre Interessenlagen identifizieren zu können und darauf aufbauend tragbare Kompromißlösungen zu erarbeiten.

Mit der dargestellten Bewertungsmethodik, in Form von Gruppendiskussionen zunächst allgemeine Humankriterien zu gewichten, sodann Planungsmethodik und Planungsergebnis mit diesen Kriterien zu bewerten, können Vor- und Nachteile der erarbeiteten Szenarien und die differierenden Interessenlagen identifiziert werden; es erfolgt in der Gruppe auch die Befürwortung einzelner Szenarien. Es ist dann Aufgabe des Unternehmens, diese Rahmenkonzeptszenarien zu detaillieren und bei der Umsetzung sukzessive zu kompromißfähigen Lösungen zu kommen.

Ein Resümee zur Diskussion der Humankriterien im Pilotvorhaben, aus arbeitswissenschaftlicher Sicht, wird in Abschnitt 4.1 gegeben.

3.7.2 Bewerten nach Wirtschaftlichkeitskriterien

Zu dem im folgenden vorgestellten Verfahren zur Bewertung der Wirtschaftlichkeit einer CIM-Rahmenkonzeption ist eine Vorbemerkung erforderlich, die den Begriff Wirtschaftlichkeit im vorliegenden spezifischen Verwendungszusammenhang erläutert:

Obwohl sich das Verfahren in der Ergebnisaufbereitung sehr stark an das klassische betriebswirtschaftliche Investitionsrechnungsverfahren "Kapitalwertmethode" anlehnt (für die sich über Jahre erstreckende Einführung eines "CIM-Systems" muß auf eines der dynamischen Investitionsrechnungsverfahren zurückgegriffen werden), liegt ihm in den betrachteten "Eingangsgrößen" keineswegs ein ähnlich klassischer Wirtschaftlichkeitsbegriff zugrunde. Es wird vielmehr ein Wirtschaftlichkeitsbegriff verwendet, der auch schwer quantifizierbare Kosten-/Nutzenaspekte durch Abgrenzungen des Beurteilungsgegenstandes und zum Teil mehrstufige Sequenzen von Operationalisierungen, Bewertungen und Ergebnisinterpretationen in quantitative, monetäre Größen transformiert und dadurch einer "Kapitalwertanalyse" zugänglich macht. Durch Interpretationen werden somit auch nichtmonetäre Schätzdaten in für die Kapitalwertmethode brauchbare Ausgangsdaten transformiert. Dabei sind auch Interpretationen zugelassen, die von bestimmten Annahmen bezüglich Markt und Konkurrenz ausgehen, um der marktstrategischen Bedeutung von CIM-Investitionsplanungen Rechnung zu tragen. Die im Ergebnis gezeigten "Kapitalwertkurven" dürfen somit keinesfalls für sich allein betrachtet als Entscheidungsgrundlage genutzt werden. Die Verwendung muß vielmehr in Kenntnis der Annahmen erfolgen, die in den der Aufbereitung vorausgegangenen Verfahrensschritten getroffen worden waren. Im Gegensatz zu Nutzwertanalysen und Argumentenbilanzen wird dennoch auf die monetäre Bewertungsdimension nicht verzichtet, um ein "Ausweichen" der Bewerter auf "unverbindliche" Punktwerte zu verhindern.

Die Zielsetzung, CIM-Rahmenkonzepte nach Wirtschaftlichkeit zu bewerten, bestimmt den Konkretisierungsgrad, den das Rahmenkonzept haben muß. Das Rahmenkonzept darf einerseits nicht so konkret ausgearbeitet sein, daß Alternativen grundsätzlicher Art ausgeblendet werden, es darf andererseits aber auch nicht so allgemein sein, daß nicht Aufwands- und Nutzenerwartungen für unterschiedliche Gestaltungsalternativen sichtbar werden können.

Ein Anspruch, der an das Bewertungsinstrumentarium gestellt werden muß, ist die Anwendbarkeit auf sowohl technische wie auch personale und organisatorische Aufwands- und Nutzenaspekte. Diese Forderungen nach einem erweiterten Wirtschaftlichkeitsbegriff zur Bewertung strategischer Investitionsentscheidungen findet sich in unterschiedlicher Weise auch in der im Rahmen des Pilotvorhabens untersuchten Literatur zum Thema Wirtschaftlichkeit und CIM wieder. Die in der Literatur empfohlenen Verfahren und Ansätze zu systemspezifischen Wirtschaftlichkeitsanalysen wurden jedoch entweder dem Anspruch nach möglichst monetärer (Wirtschaftlichkeits-)Bewertung der Rahmenkonzeptionen in einem dynamischen Analyseverfahren nicht gerecht (zu nennen sind hier Verfahren der Nutzwertanalyse, Kennzahlensysteme, Szenariotechniken, CIM-Statustechnik, Schwachstellenanalysen, Humanvermögensrechnung, Argumentenbilanzen) oder waren - wie die rein traditionellen Investitionsrechnungsverfahren (Kapitalwertmethode etc.) - nicht ohne weiteres auf die Bewertung der erarbeiteten CIM-Rahmenkonzepte anwendbar.

Das im folgenden vorgestellte, im Pilotvorhaben entwickelte und erprobte Vorgehen zur Wirtschaftlichkeitsbewertung ist eine Mischung aus Szenariotechniken, Nutzwertanalyse und traditioneller Investitionsrechnung, ergänzt um Vorschläge zur Transformation abstrakter Aufwands-/Nutzengrößen in "Kapitalwerte". Es knüpft an die Ergebnisse der in Abschnitt 3.7.1 beschriebenen Bewertungen an, indem es auf die gleichen Bewertungsgegenstände (Rahmenkonzeptszenarien) bezogen ist und auf die im Zusammenhang mit der Bewertung nach Humankriterien geführten Diskussionen um organisatorische und personale Vor- und Nachteile für betriebliche Abläufe bzw. für bestimmte Personengruppen aufbaut.

Da in allen empfohlenen Planungsschritten (Modulen) die Beteiligung der betroffenen Beschäftigten einen hohen Stellenwert hat, wird in die Bewertung der Planungsergebnisse auch der geleistete personale Planungsaufwand als Kostengröße mit aufgenommen und einer fiktiven "klassischen" Vorgehensweise ohne eine derartige weitgehende Beteiligung betroffener Mitarbeiter gegenübergestellt. Gleichzeitig wird im Bewertungsverfahren ermittelt, welche Nutzengrößen mit der Beteiligung der Betroffenen verbunden sind. Die vielfach geforderte Beteiligung der Betroffenen an CIM-Planungen wird zumeist mit höherer Akzeptanz und mit geringeren Störungen bei der Einführung von CIM begründet. Im vorliegenden Verfahren werden die Aufwands- wie die Nutzenaspekte eines Beteiligungsprozesses zu einer monetären Bewertung aufbereitet. Auf diese Bewertung des Beteiligungsprozesses kann zwar verzichtet werden, wenn dessen Nutzen im Unternehmen allgemein akzeptiert ist; sie ist jedoch in jedem Unternehmen zu empfehlen, wo dieser Nutzen bezweifelt wird.

Im Vorfeld der Erarbeitung des Wirtschaftlichkeitsbewertungs-Konzepts wurden neben Literaturrecherchen auch die Möglichkeiten der betriebswirtschaftlichen Abteilung des Pilotanwender-Unternehmens dahingehend beleuchtet, inwieweit Kenngrößen für die Bewertung unterschiedlicher organisatorischer Szenarien zur Verfügung stehen und inwieweit das Kalkulationswesen bzw. die Controllingabteilung eine Wirtschaftlichkeitskontrolle geplanter Veränderungen unterstützen kann. Hierbei zeigte sich, daß das traditionelle Verfahren der Umlage der in zentralen Unternehmensbereichen anfallenden Kosten auf Kostenstellen und -träger über starre Verteilungsschlüssel für die Bewertungen von Organisationsszenarien nur wenig geeignete Kennzahlen zur Verfügung stellen kann (was nicht verwundert, da das Kalkulationswesen primär der Verkaufspreisbestimmung und nicht der Investitionsbetrachtung dient). <u>Bild 21a</u> zeigt die sicherlich in ähnlicher Form auch bei anderen mittelständischen Produktionsunternehmen vorzufindenden Zuordnungen der DV-Leistungen im Pilotunternehmen und macht deutlich, daß z.B. die zentral anfallenden Aufwände für die NC-Programmierung als Fertigungsgemeinkosten allen CNC-Werkzeugmaschinen zugeschlagen werden, unabhängig davon, ob diese werkstattprogrammiert werden und daher gar keine NC-Programme aus dem zentralen Bereich benötigen oder nicht. Eine transparentere Verrechnung der Kosten der technischen und betriebswirtschaftlichen Datenverarbeitung, wie sie in <u>Bild 21b</u> als "Soll" dargestellt ist, wäre zwar wünschenswert, läßt sich derzeit jedoch mit vertretbarem Aufwand kaum realisieren. Trotzdem bilden die in den Betrieben verwendeten Kennzahlen über Maschinenstundensätze, Lagerbestände etc. eine wichtige Grundlage für die den Bewertungen folgende interpretative Aufbereitung zu monetären Aussagen. Bei der Weiterentwicklung von Investitionsbewertungsmethoden sollte allerdings die Weiterentwicklung der Möglichkeiten der

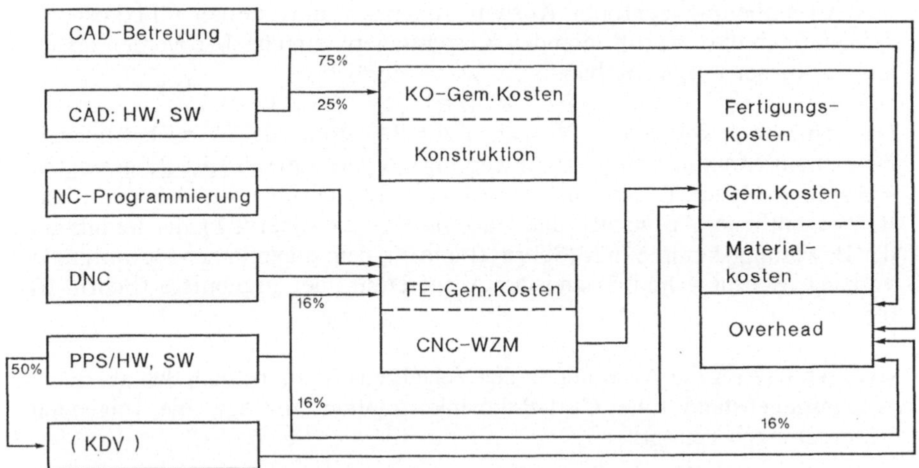

Bild 21a: DV-Kostenverrechnung (Ist)

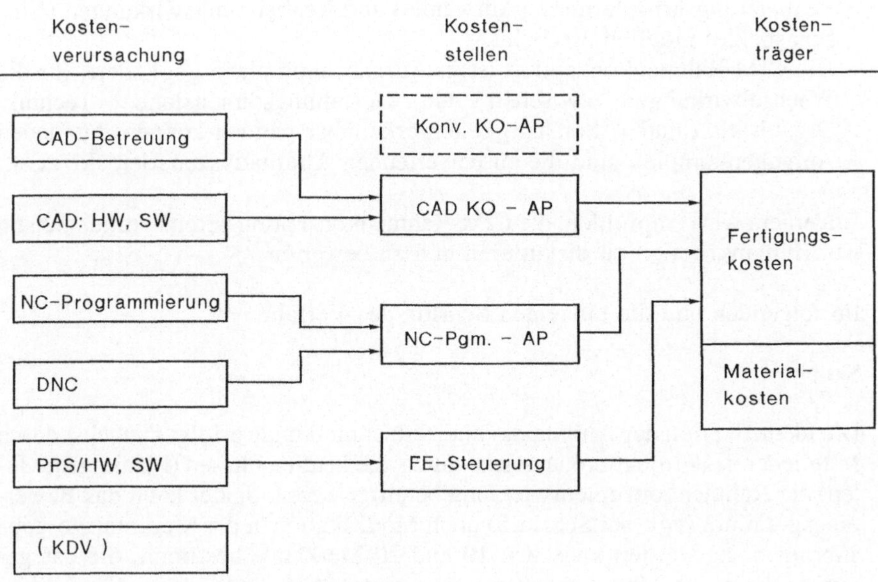

Bild 21b: DV-Kostenverrechnung (Soll)

betrieblichen Kostenrechnung, die sich aus der zunehmenden Anwendung von DV-Unterstützungen auch in diesem Bereich ergibt, mit beobachtet werden. Es könnten hierdurch eventuell bald geeignete Kennzahlen verfügbar sein, die den Nutzenbeitrag zentraler Kostenverursacher und -stellen ("Fixkosten") gezielter den davon profitierenden Kostenträgern zurechenbar werden lassen als dies bisher mit vertretbarem Aufwand möglich ist.

Das schließlich konzipierte Vorgehen zur Bewertung der Wirtschaftlichkeit benutzt zur Strukturierung des Bewertungsvorgangs die in <u>Bild 22</u> gezeigten Einstufungsblätter. Es besteht aus mehreren Teilschritten, die der Identifikation wesentlicher Aufwands- und Nutzenmerkmale (Schritt 1), der Reduktion der Bewertungskomplexität (Schritt 2 und 3), dem eigentlichen Bewertungsvorgang (Schritt 4 und 5) und der Aufbereitung der Ergebnisse (Schritt 6) dienen.

Als Prämisse für die Anwendung des Verfahrens ist zu nennen, daß als Beurteilungsgegenstand eine CIM-Rahmenkonzeption vorliegt, die folgenden Anforderungen genügt:

- Die Konzeption wurde auf der Grundlage strategischer Unternehmensziele erarbeitet.
- Die Konzeption ist soweit konkretisiert, daß eine Abschätzung wesentlicher Realisierungserfordernisse (Aufwände) und Realisierungswirkungen (Nutzenaspekte) möglich erscheint.
- Die CIM-Rahmenkonzeption ist in Aufgabenkomplexe gegliedert, für die Wechselwirkungen zwischen den Gestaltungsdimensionen Technik, Organisation und Arbeitstätigkeiten erkennbar werden können. Für jeden Aufgabenkomplex sind die zu bewertenden Alternativszenarien skizziert.

Außerdem wird empfohlen, die CIM-Rahmenkonzeption bereits vorher anhand von Humankriterien zu diskutieren und zu bewerten.

Im folgenden nun die einzelnen Schritte des Verfahrens:

Schritt 1:

Die Identifikation der Aufwands- und Nutzenmerkmale erfolgt zunächst durch Mitglieder des Projektlenkungsgremiums, die in allen Phasen (Planungsmodulen) der Rahmenkonzeptentwicklung beteiligt waren. Später kann das Bewertungsgremium (vgl. bei Schritt 5) noch Modifikationen der Merkmalsvorgabe anbringen. Es werden zwischen 10 und 20 Merkmale bestimmt, die das gesamte Spektrum der erwarteten investiven Aufwände samt (laufenden) Folgekosten und der Nutzenerwartungen (incl. Marktchancen) abdecken. Die

zu beurteilendes Merkmal	Beurteilungs- gegenstand	Wirkungsfeld (direkt/ indirekt)	Nutzenaspekt/ Aufwandsaspekt	p*	Datengrundlage*	Größen- ordnung Aufwand/ Nutzen	k*	Zeilen-Nr.
z. B.:	z. B.:	z. B.:	z. B.:		z. B.:			
mit dem CIM-Rahmen-konzept verbundene Qualifizierung	DV-Anwender-Schulung	Konstruk-tions-abteilung	Schulungskosten		Anzahl zu schulender Personen x Schulungstage x Tageskosten			
Höhere Termintreue	Aufgabenkomplex xy des Rahmen-konzeptes	Gesamt-betrieb	höhere Auftragsrate		geschätzte Verbesserungen der Auftragsrate			

einstuf3 © FhG-ISI	Einstufungen zur Wirtschaftlichkeit von CIM-Rahmenkonzeptalternativen	Blatt-Nr.	FhG

p = Eintrittswahrscheinlichkeit des Nutzen/Aufwandsaspektes im Wirkungsfeld, bezogen auf den Beurteilungsgegenstand

Korrekturfaktoren k: Nutzen >1 optimistisch / <1 pessimistisch
Aufwand <1 optimistisch / >1 pessimistisch

* für jede CIM-Rahmenkonzeptalternative einzustufen

Bild 22: Bewertungsblatt "Wirtschaftlichkeit" (Beispiel)

Merkmale können sehr allgemein gehalten sein; es muß jedoch für jedes Merkmal die Vermutung bestehen, daß die Erschließung der in den CIM-Rahmenkonzepten liegenden Möglichkeiten einen monetären Aufwands- und/oder Nutzeneffekt in diesem Merkmal in einer Größenordnung bewirken würde, der trotz der Ungenauigkeit von Schätzungen und der Unsicherheit des Eintretens berücksichtigt werden muß. Uninteressant sind demnach hier Merkmale, die zwar "hochwahrscheinlich" einen eventuell auch genau bestimmbaren Kosten-/Nutzeneffekt bewirken, wenn die Größenordnung dieses Effektes gegenüber eventuell schwer abschätzbaren Effekten anderer Merkmale wesentlich geringer ist und die Anzahl der zu diskutierenden Merkmale damit unnötig groß würde. Es sollten in dieser Vorauswahl in jedem Fall folgende Aufwands- und Nutzengrößen betrachtet werden:

- Beteiligung Betroffener an der CIM-Rahmenkonzept-Entwicklung (Aufwand/ Nutzen),
- mit der Realisierung der Rahmenkonzeption verbundene Qualifizierungen (Aufwand/Nutzen, wie z.B. breitere Basis qualifizierter Beschäftigter bzw. Selbstregulationsmöglichkeiten dezentraler organisatorischer Einheiten),
- marktabhängiger Aufwand/Nutzen (resultierend aus Termintreue, Durchlaufzeitverkürzung, Aufwände bei nötigem Produktwechsel),
- DV-Investitionen (Rechner, Anwendungs-Software, Dateiaufbau, Pflege und Wartung),
- Produktivitätssteigerungen,
- Reduzierung von Personalkosten,
- Bestandsreduzierung durch kürzere Durchlaufzeiten.

Je nach Rahmenkonzeptszenario können auch andere zu beurteilende Merkmale in den Vordergrund treten. Wichtig ist grundsätzlich, bei der Suche nach wichtigen, zu beurteilenden Aufwands- und Nutzengrößen sowohl technische Investitionen als auch personale Aspekte (Qualifikation, Qualifizierung) und organisatorische Aspekte (Stabilität der betrieblichen Organisation bei Störungen) zu berücksichtigen. Zudem sind betriebsexterne Aspekte (Kundenmarkt; Zuliefermarkt; allgemeine technische und gesellschaftliche Entwicklungen) ebenso zu berücksichtigen wie betriebsinterne Aspekte, wobei zu beachten ist, daß damit explizit oder implizit Annahmen über Marktgegebenheiten (Konkurrenzverhalten, Käuferpotential etc.) getroffen werden müssen. Die Berücksichtigung sowohl betriebsinterner als auch betriebsexterner Kosten- und Nutzenerwartungen macht z.B. deutlich, ob eventuelle Rationalisierungseffekte nach innen, in den Betrieb hinein, "durchschlagen" (personelle Veränderungen), oder ob sie als Umsatzerweiterung wirksam werden sollen. Dies erlaubt eine Kontrolle der Zielerreichung in der später folgenden Realisierungsphase. Betriebsextern verursachte Kostenaspekte bzw. Kostenrisiken sind z.B. durch Produktwechsel notwendige Anpassungen/Änderungen von produktbezogenen Datenbeständen. Als betriebsexterne Nutzenaspekte können Marktanteilerhöhungen und größere Gewinnspannen in Betracht kommen. Es muß allerdings sehr genau darauf geachtet werden, daß die Kosten- und Nutzenerwartungen bei der im folgenden beschriebenen Ergebnisaufbereitung in Form eines "Kapitalwerteverlaufs" nicht doppelt, als betriebsexterner Effekt (z.B. höherer Gewinn aus Umsatzerhöhung bei gleichem Personalbestand und gleicher Gewinnspanne) und als betriebsinterner Effekt (z.B. Produktivitätserhöhung), berücksichtigt werden!

Schritt 2:

Die Beurteilungskomplexität wird reduziert, um eine bessere spätere Kontrolle der Wirkungserwartungen und eine höhere Reliabilität (Wiederholbarkeit) der Schätzergebnisse zu erreichen. Dies geschieht durch Eingrenzungen der den Aufwands- und Nutzenmerkmalen zuzuordnenden "Beurteilungsgegenstände" und "Wirkungsfelder".

Beurteilungsgegenstände sind aufwands- und nutzenwirksame Sachverhalte der CIM-Rahmenkonzepte. Die "Wirksamkeit" in einem (in Schritt 1 definierten) Aufwands- und Nutzenmerkmal bestimmt sich aus vermuteten Veränderungen gegenüber dem Ist-Zustand bei der Realisierung der Rahmenkonzeptszenarien. Die Eingrenzung der Komplexität der Rahmenkonzeption erfolgt dadurch, daß nur diejenigen Teilkomplexe des CIM-Rahmenkonzeptes den jeweiligen Aufwands- und Nutzenmerkmalen zugeordnet werden, bei denen ein *wesentlicher* Zusammenhang mit dem Merkmal gesehen wird. Derartige Teilkomplexe als "Einheiten des Beurteilungsgegenstands" ergeben sich in der Zergliederung der konzipierten Vorgangsketten in Teilabschnitte (vgl. auch die Einleitung zum Abschnitt 3.7). Diese Untereinheiten von Vorgangsketten (Aufgabenkomplexe xy) können gegebenenfalls noch weiter differenziert und auf die für das jeweilige Aufwands- und Nutzenmerkmal wesentlichen Bestandteile reduziert werden. Der Beurteilungsgegenstand kann jedoch für bestimmte Aufwands-/Nutzenaspekte auch das *gesamte* Rahmenkonzept sein. Die Reduzierung der Komplexität der Einstufung sollte dann jedoch durch Eingrenzung des Wirkungsfeldes erfolgen.

Wirkungsfelder sind betriebliche Funktionsbereiche, in denen die dem Beurteilungsgegenstand zugerechneten Aufwands- und Nutzenerwartungen für das jeweilige Merkmal auftreten. Die Eingrenzung erfolgt dadurch, daß die Bereiche möglichst genau umrissen werden, in denen die stärksten Wirkungen vermutet werden. Dadurch wird den Beurteilenden deutlicher, für welches Wirkungsfeld die Aufwands- und Nutzengrößen zu betrachten sind. Es leuchtet ein, daß es ein Unterschied auch im Bewertungsaufwand ist, ob die eventuell nötige DV-Anwenderschulung für das gesamte Unternehmen bewertet werden soll oder nur für eine einzelne Abteilung. Diese Einengung des Wirkungsfeldes muß nicht überall und für jedes zu beurteilende Merkmal erfolgen, empfiehlt sich jedoch dort, wo vor dem Hintergrund des Betrachtungsgegenstandes und des Beurteilungsmerkmals bestimmte Unternehmensbereiche ohne größeren Verlust an Genauigkeit der Schätzungen ausgeblendet werden können.

Die Reduzierung der Beurteilungskomplexität erfolgt somit durch Abgrenzung des Aufwands- und Nutzenmerkmals und/oder des Beurteilungsgegenstands ("Aufwands- und Nutzenverursachers") und/oder des betrachteten Wirkungsfeldes.

In <u>Bild 22</u> ist ein Beispiel für ein Aufwands- und ein Nutzenmerkmal mit dem zugehörigen Beurteilungsgegenstand und Wirkungsfeld angegeben.

Da Merkmal, Beurteilungsgegenstand und Wirkungsfeld als zusammengehörende Einheiten aufzufassen sind, auf denen die weiteren Schritte aufbauen, wird Schritt 2 von denselben Personen durchgeführt, die auch die Merkmale in Schritt 1 bestimmen.

Schritt 3:

In der Spalte Nutzenaspekt/Aufwandsaspekt der Einstufungsblätter werden schließlich im Schritt 3 des Verfahrens Operationalisierungen des zu beurteilenden Merkmals eingetragen. Hier findet ebenfalls eine Eingrenzung statt, die nun aber dahin zielt, ein zu beurteilendes, abstraktes Merkmal durch konkrete (meßbare, einschätzbare), mit dem Merkmal zusammenhängende Aufwands- und Nutzenaspekte bewertbar zu machen. Ausgangspunkt sind die als zusammengehörend anzusehenden Einheiten aus Beurteilungsmerkmal, Beurteilungsgegenstand und Wirkungsfeld. Dieser Schritt wird von einzelnen Mitgliedern des Lenkungsgremiums, die an den vorherigen Planungsschritten (Modulen) des Verfahrens beteiligt waren, durchgeführt. Die Operationalisierungen sind jedoch grundsätzlich im folgenden Bewertungsschritt 4 des Verfahrens in der Bewertungsgruppe nochmals zur Diskussion zu stellen.

Schritt 4:

Im Gegensatz zu den Schritten 1 bis 3, die von *einzelnen* Mitgliedern der Projektlenkungsgruppe durchgeführt werden können, erfolgen die beiden Bewertungsschritte 4 und 5 des Verfahrens in Form einer Gruppendiskussion der betrieblichen Experten des Projektlenkungsgremiums, das aus leitenden Vertretern der Hauptabteilungen besteht. Dieses Bewertungsgremium wird noch um weitere Personen erweitert, die bei der Realisierung der CIM-Rahmenkonzeption für die Erreichung der Kosten- und Nutzenziele verantwortlich sein werden.

Zunächst werden die Vorgaben aus den Schritten 1 bis 3 diskutiert, die schriftlich aufbereitet in den ersten vier Spalten der Einstufungsbögen vorliegen. Ist die Bewertungsgruppe insofern einig, daß das CIM-Rahmenkonzept in seinen wesentlichen Dimensionen erfaßt und in den vier Beschreibungsspalten abgebildet ist, kann die Bewertung der Nutzen- und Aufwandserwartungen beginnen. Die Bewertungen werden grundsätzlich für alle Rahmenkonzeptalternativen getrennt, aber im zeitlichen Zusammenhang durchgeführt, um einen Vergleich zwischen den Alternativen zu erreichen. Zunächst wird die Eintrittswahrscheinlichkeit (p) eingeschätzt. Es wird beurteilt, inwieweit bei einer Realisierung der Rahmenkonzeptalternative der Nutzen- und Aufwandsaspekt im Wirkungsfeld, bezogen auf den Beurteilungsgegenstand, überhaupt auftreten wird. Danach ist festzulegen, auf welcher Datengrundlage die Nutzen- und Aufwandsaspekte bewertet werden sollen, d.h. es wird gefragt, ob genaue Zahlen zur Verfügung stehen oder ob Schätzungen des Einstufungsgremiums genügen müssen. Ebenfalls zu klären ist, ob die Bewertungen sich auf monetäre Größen oder andere Dimensionen richten, z.B. darauf, ob sich Aufwands- und Nutzengrößen beim Szenarienvergleich schneller oder langsamer realisieren lassen.

Schritt 5:

Ist diese Datengrundlage festgelegt, wird in Schritt 5 die Größenordnung des Aufwands bzw. Nutzens in der in der Datengrundlage definierten Dimension geschätzt. Ein Korrekturfaktor erlaubt es, optimistische und pessimistische Schätzungen zu kennzeichnen und zu quantifizieren, so daß nicht unbedingt ein Konsens erzielt werden muß und die Schwankungsbreite unterschiedlicher Einschätzungen abgebildet werden kann. Die Einstufungen und Bewertungen erfolgen wie in Schritt 4 durch das Projektlenkungsgremium, dem die Geschäftsführung und die Hauptabteilungsleiter angehören sowie durch weitere Personen, die für die Umsetzungen und für die Realisierung der Nutzenerwartungen verantwortlich zeichnen. Die Schritte 4 und 5 erfolgen im engen zeitlichen Zusammenhang einer Gruppendiskussionssitzung und können auch iterativ für die einzelnen Nutzen/Aufwandsaspekte erfolgen.

Schritt 6:

Die nun als Verfahrensschritt 6 folgenden Interpretationen zur Ergebnisaufbereitung können von einem einzelnen Teilnehmer des Gruppendiskussionsprozesses vorgenommen werden. Sie werden anläßlich der später erfolgenden Ergebnispräsentation vor dem Einstufungsgremium der Schritte 4 und 5 offengelegt und diskutiert.

In der Aufbereitung und Interpretation des Ergebnisses der Gruppendiskussion werden weitere Annahmen und Einschätzungen getroffen, um die nichtmonetären Bewertungsgrößen in monetäre Größen zu transformieren, wo immer dies möglich ist. Diese Interpretationen, Annahmen und Einschätzungen werden protokolliert und dokumentiert. Auch die Bewertungen der Realisierungszeitspannen für die Aufwands- und Nutzengrößen werden in der Aufbereitung berücksichtigt, wobei auch hier eventuell zugrundegelegte ergänzende Interpretationen und Annahmen dokumentiert werden. Ziel ist es, für die einzelnen Rahmenkonzeptszenarien zu "Kapitalwertkurven" zu gelangen, die für die nächsten Jahre den "Barwert" der Investitionen und der Nutzenerwartungen ausweisen. Die Anführungsstriche zu den Begriffen "Barwert" und "Kapitalwertkurven" verweisen darauf, daß die Eingangsgrößen in das hier verwendete traditionelle Investitionsrechnungsverfahren Kapitalwertmethode aus einer Vielzahl von Annahmen und Abgrenzungen hergeleitet sind. Es muß vorausgesetzt werden, daß die Ergebnisinterpretation durch Personen erfolgt, die in alle Planungsphasen involviert waren und die sämtliche Annahmen und Dateninterpretationen kennen.

Die Bewertungen der Einstufungsgruppe zu Aufwands- und Nutzenerwartungen werden im beschriebenen Vorgehen somit durch Interpretationsvorgänge, die dokumentiert werden, in eine Analyse nach dem Schema der Kapitalwertmethode überführt, <u>Bild 23</u>). Mit dieser Methode wird die Realisierung der Rahmenkonzeption als dynamischer Investitionsvorgang betrachtet, der im mehrperiodigen (mehrjährigen) Prozeß beobachtet wird. Die unterschiedlichen Szenarien werden dabei nicht nur in ihrer Aufwands- und Nutzenhöhe betrachtet, sondern auch im zeitlichen Verlauf der Nutzen- und Aufwandsrealisierungen. Die <u>Bilder 24a und 24b</u> zeigen beispielhaft die entsprechende, ebenfalls im Verfahrensschritt 6 erfolgende, Ergebnisdarstellung.

Im Pilotvorhaben wurden die Bewertungen für zwei Rahmenkonzeptszenarien (Sz1 und Sz2), jeweils *mit* (Sz1/m; Sz2/m) und *ohne* (Sz1/o; Sz2/o) Berücksichtigung des Aufwandes für die Beteiligung der Fachabteilungen an den Planungen, durchgeführt. Das Ergebnis ist beispielhaft (ohne Nennung der "Kapitalwerte", aber mit real ermitteltem Verlauf der "Kapitalwertkurven") in Bild 24b wiedergegeben. Man sieht, daß das (auch in der Bewertung nach Humankriterien favorisierte) Szenario 2 (mit dezentralen Organisationsstrukturen) höhere Nutzenerwartungen hat. Weiterhin ist deutlich, daß die Beteiligung der betroffenen Beschäftigten bei gleichem Rahmenkonzeptszenario im Endeffekt jeweils höhere Nutzenerwartungen ergibt, die den hierfür erforderlichen Aufwand um ein Vielfaches übersteigen. Dies ist im

SZ1/m	1988/89	1989/90	1990/91	1991/92

Aufwand
 	
– Abschreibung für
  Investitionen
– Nicht abschreibungsfä-
  hige Investitionen
– Laufende Aufwände				

Summe Aufwand (ohne Zinsen) + Zinsen (7,5% vom Projektwert) = Gesamtsumme Aufwand				
Nutzen – Produktivitätssteigerung – Reduzierung Umlaufvermögen = Gesamtnutzen				
K = Gesamtnutzen – Aufwand Abzinsg. Faktor (q) Barwert = K x q Barwert kumuliert				

Bild 23: Schema "Kapitalwertmethode" (Aufwand-/Nutzenaspekte: Beispiel)

vorliegenden Beispiel unter anderem dadurch bedingt, daß im weiteren Verlauf der Realisierung aufgrund der Beteiligung niedrigere Qualifizierungskosten erwartet werden und durch die höhere Akzeptanz auch eine schnellere Realisierung der Nutzenerwartungen vermutet wird.

Das hier vorgestellte Verfahren ist jederzeit nachvollziehbar. Durch die Transparenz des Vorgehens und die Nachvollziehbarkeit der für die "Kapitalwertverläufe" maßgebenden Einflußgrößen und Prämissen, weiterhin durch die Dokumentation der bei der Transformation von nichtmonetären in "monetäre" Größen vorgenommenen Annahmen und Interpretationen kann man einfach verfolgen, wie das Bewertungsergebnis zustande kam. Das Ergebnis läßt sich somit in jedem Fall auch noch später, bei eventuellen Kontrollen des Projektes in der nun folgenden Realisierungsphase, kritisch hinterfragen. Es beantwortet andererseits sicherlich nicht alle Fragen, die eine

Übersicht zur Szenarieneinteilung

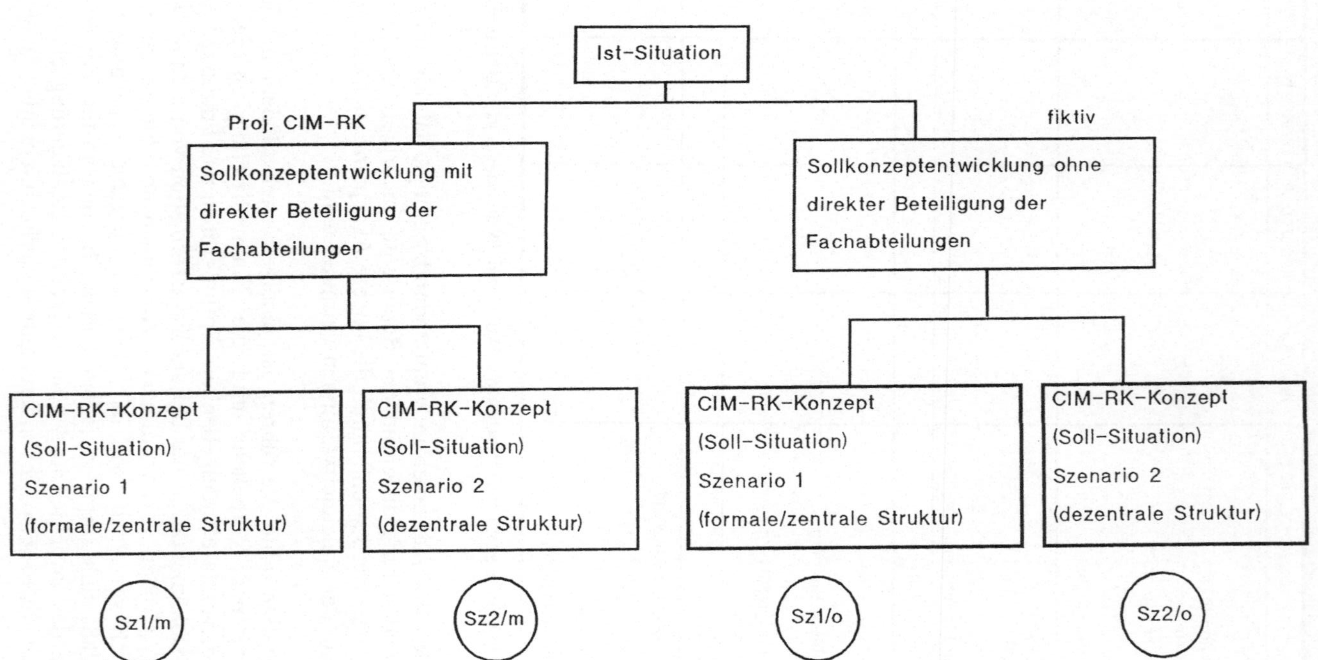

Bild 24a: Ergebnisdarstellung Bewertungsgegenstand

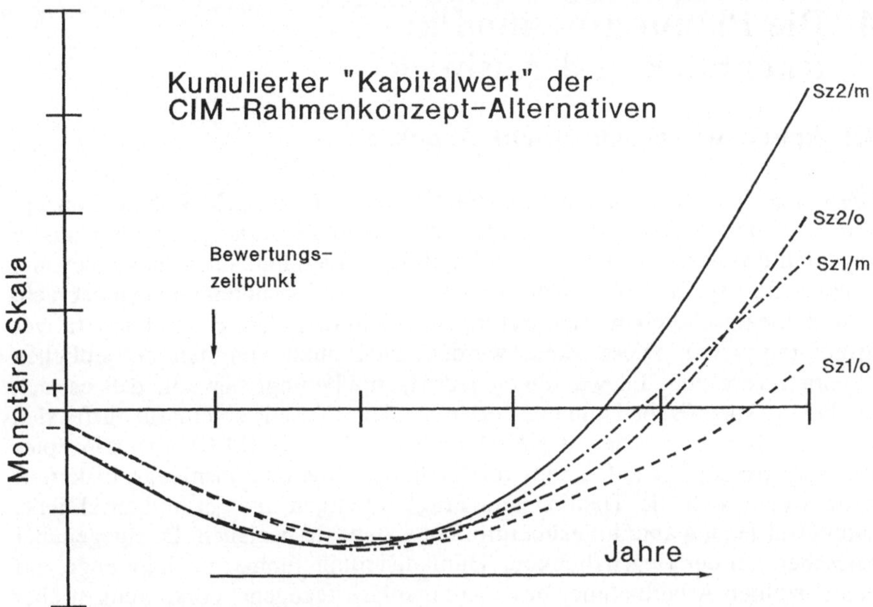

Bild 24b: Ergebnisdarstellung "Kapitalwerte"-Verlauf

Wirtschaftlichkeitsbetrachtung (mit dem einleitend skizzierten stark erweiterten Wirtschaftlichkeitsbegriff) für komplexe Planungsaufgaben in kleinen und mittleren Unternehmen aufwirft. Das Verfahren stellt somit einen Kompromiß aus Anwendungsökonomie und Planungssicherheit vor dem Hintergrund des gegenwärtig Möglichen her.

4 Die Planungsmethodik:
Rückblick und Ausblick

4.1 Arbeitswissenschaftliche Aspekte

Die Vorstellungen über Humanisierungskriterien für ein CIM-Rahmenkonzept
waren bei den betrieblichen Experten im Pilotvorhaben lange Zeit nur relativ
vage und diffus. Über die externen Institute wurden humanisierungsrelevante
strukturelle Aspekte bei der Definition von Integrationspotentialen eingebracht
(z.B. keine zusätzlichen organisatorischen Schnittstellen, Erhalt kooperativer
Strukturen usw.). Diese Ziele wurden zwar auch von den betrieblichen
Experten vertreten. Es war ihnen jedoch nur bedingt bewußt, daß es sich
hierbei um spezifische Humankriterien handelt. Diese Problematik dürfte sich
vor allem darin begründen, daß die Entwicklung eines CIM-Rahmenkonzeptes
zunächst prinzipiell auf einem relativ hohen Abstraktionsniveau diskutiert
wird, wobei sich die Themen und Fragestellungen auf gesamtbetriebliche,
zumindest jedoch abteilungsübergreifende Aspekte beziehen. Demgegenüber
herrschen bei der Begrifflichkeit "Humanisierung" immer noch zu enge, auf
den einzelnen Arbeitnehmer bzw. Arbeitsplatz bezogene Vorstellungen über
Lärmreduzierung, Abbau physischer und psychischer Belastungen etc. vor, die
in CIM-Rahmenkonzeptplanungen allenfalls ohne direkten Bezug zur Planung
als abstrakte, kaum handlungsleitende Absichtserklärungen erscheinen
können.

Als dagegen wirkungsvolle abstrakte, übergeordnete Zielkriterien für einen
Humankriterien genügenden CIM-Gestaltungsprozeß sind zu nennen:

- die weitgehend selbständige Erarbeitung einer jeweils betriebsspezifischen
  CIM-Zielsetzung und -Definition im Unternehmen, im Gegensatz zu einem
  "übergestülpten" EDV-Konzept, das unter rein technischen Gesichtspunkten
  und Herstellerinteressen entstanden ist;
- die synchrone Planung von Technik, Organisation und Personaleinsatz
  sowie Personalqualifikation;
- die Pflege bzw. Gewährleistung informeller Kommunikations- und
  Kooperationsstrukturen sowie von Gruppenarbeitsstrukturen zum Qualifika-
  tionserhalt bzw. -ausbau, da vernetzte Systeme bewußte und intensive
  Kooperation in und zwischen Bereichen erfordern.

Voraussetzung hierfür ist ein umfassender Beteiligungsprozeß, der sich in der
Zusammensetzung von Planungsteams und Arbeitsgruppen widerspiegeln
muß. Im hier betrachteten Pilotvorhaben war sowohl im Planungsteam als
auch in den Arbeitsgruppen eine fachabteilungs- und hierarchieübergreifende,

interdisziplinäre Zusammensetzung der Teilnehmer sowie eine kontinuierliche Beteiligung der Arbeitnehmervertretung gewährleistet. Auch Vertreter des Managements waren beteiligt, so daß im Projekt durchaus von einem organisatorischen Rückhalt ausgegangen werden konnte. Diese organisatorischen Voraussetzungen sind gerade unter dem Beteiligungsaspekt als ausgesprochen positiv zu bewerten.

Über intensive Diskussionsprozesse wurde - mit Unterstützung externer Begleitforscher - eine, der betrieblichen Problemlage entsprechende CIM-Definition und -Planung in Form einer bereichs- und hierarchieübergreifenden Gemeinschaftsleistung entwickelt. Den Planungs- und Arbeitsgruppen kamen, neben der Zielsetzung, ein CIM-Rahmenkonzept zu erarbeiten, auch wichtige Qualifizierungsfunktionen zu. Allen Beteiligten war es über die kontinuierliche Teilnahme in den Sitzungen möglich, sich mit der CIM-Thematik vertraut zu machen, eigene Interessen einzubringen und an potentiellen Lösungsmöglichkeiten mitzuwirken. Gleichzeitig trug dieses Vorgehen sicherlich dazu bei, gesamtbetriebliche Abläufe besser zu verstehen, zumindest jedoch, sich diese nochmals explizit zu vergegenwärtigen.

Die Einbeziehung der Personalabteilung in das Projektteam wäre wünschenswert gewesen. Eine stärkere Einbindung der Personalabteilung und/oder von Experten für die betriebliche Weiterbildung in die Projektlenkungsgruppe ist aufgrund des Erfordernisses einer systematischen Abstimmung zwischen technischen, organisatorischen und personellen Investitionen sinnvoll. Aufgrund des Wechsels des Personalleiters während des Pilotvorhabens in den Ruhestand und der Einarbeitungsphase seines Nachfolgers wurde die Einbeziehung dieser Abteilung hier eventuell vernachlässigt.

Die Beteiligung des Betriebsrates war demgegenüber gewährleistet. Da sich jedoch nur ein Vertreter intensiv mit der Thematik befaßt hatte und an den Projektsitzungen teilnahm, gab es keine Stellvertretung der Arbeitnehmerseite. Gerade hier hatte sich gezeigt, daß eine kontinuierliche Teilnahme an den Sitzungen und eine gute Aufbereitung der Diskussionsergebnisse eine wichtige Voraussetzung zum Verständnis der Thematik ist. Wünschenswert wäre daher sicherlich die Teilnahme von zwei Vertretern des Betriebsrates gewesen. Es ist allerdings deutlich, daß dies auf erhebliche kapazitive Probleme seitens des Betriebsrates stoßen würde.

Eine direkte Beteiligung des Vertriebs in der Projektlenkungsgruppe wird als äußerst wichtig angesehen. Der Vertrieb war auch in einer der beiden Arbeitsgruppen vertreten. Im Pilotvorhaben zeigte sich, daß Interessenunterschiede vor allem auch aus der Sicht "nach Innen", auf die Produktion, und aus der Sicht "nach Außen", auf den Markt, resultieren. Im konkreten Fall zeigte sich außerdem, daß gerade auch im Vertrieb mit umfangreichen Umstellungen bzw. Veränderungen zu rechnen war. Diese "Erkenntnis" weist nochmals darauf hin, daß eine umfassende Beteiligung der verschiedenen Fachabteilungen bei der Erarbeitung eines CIM-Rahmenkonzeptes von Beginn an erforderlich ist.

Die groben Planungsschritte erfolgten im Pilotvorhaben folgendermaßen:

1. Ist-Analysen,
2. Definition von Integrationspotentialen,
3. Definition strategischer Unternehmensziele und Ableitung strategischer Wettbewerbsfaktoren,
4. Gewichtung von Integrationspotentialen und Ableitung der Themenschwerpunkte für Arbeitsgruppen,
5. Erarbeitung alternativer CIM-Rahmenkonzept-Szenarien unter Abschätzung der Konsequenzen/Auswirkungen alternativer Szenarien
   - organisatorisch (organisatorische Schnittstellen, Kommunikations- und Kooperationsbeziehungen),
   - qualifikatorisch (Arbeitsteilung),
6. Abgleich und Bewertung mit Humankriterien
7. Alternativenbewertung unter wirtschaftlichen Gesichtspunkten und Alternativenauswahl.

Bei der Erörterung des Planungsvorgehens erhob sich die Frage, inwieweit die bei Punkt (6) geführte explizite Diskussion über Humankriterien bereits zu einem früheren Zeitpunkt - nämlich nach dem Abgleich mit Wettbewerbsfaktoren und somit vor der Gewichtung von Integrationspotentialen - hilfreich gewesen wäre, um eine stärkere Sensibilisierung bezüglich der Humanisierungsziele zu erreichen. Als Argumente gegen diesen Vorschlag sprach einerseits, daß über die Beteiligung externer Wissenschaftler wichtige Humankriterien (personal-organisatorische Integrationspotentiale) bereits in die Definition der Integrationspotentiale Eingang gefunden hatten und andererseits das Abstraktionsniveau zu diesem Zeitpunkt noch zu hoch gewesen wäre.

Unter dem Übertragbarkeitsaspekt auf andere Unternehmen muß allerdings kritisch angemerkt werden, daß üblicherweise nicht von einer Beteiligung eines arbeits- oder sozialwissenschaftlichen Begleitforschungsinstituts ausgegangen werden kann. Daher müssen im Unternehmen selbst bzw. von deren Beratern bereits bei der Definition von Integrationspotentialen explizit personelle und organisatorische Zielsetzungen benannt werden. Voraussetzung für eine frühzeitige Berücksichtigung von Humanaspekten bei der Definition von Integrationspotentialen ist zunächst eine Ist-Analyse der Aufbau- und

Ablauforganisation, der Tätigkeitsprofile sowie die Erhebung von Belastungsmomenten, wie sie ansatzweise in den Planungsmodulen enthalten ist instrumentell festzuschreiben bzw. methodisch in den Interviews mit den Fachabteilungen zu verankern.

Die im Pilotvorhaben erfolgten Analysen durch die externen Begleitforschungsinstitute. Während die Erhebung von ablauf- und aufbauorganisatorischen Strukturen, Technik-Einsatz sowie die Erstellung von Tätigkeitsprofilen systematisch erfolgten, gingen Belastungsaspekte, denen Produktionsarbeiter und Sachbearbeiter ausgesetzt sind, nur implizit ein über die auch auf personale Aspekte gerichtete Erfassung von "Schwächen" (Störungen). Durch den fachabteilungs-übergreifenden Diskurs im Projektlenkungsteam und die Teilnahme der Arbeitnehmervertretung wurden "kritische Zustände bzw. Verhältnisse", die zu Streßsituationen führen und sich letztendlich auch negativ auf das Betriebsklima niederschlagen, herausgearbeitet; allerdings fand kein expliziter Abgleich von Integrationspotentialen und Belastungsmomenten statt. Hier stellt sich die Aufgabe, das Planungsinstrumentarium durch gezielte Weiterentwicklung zu ergänzen.

Bei der Definition und Rangfolge von Integrationspotentialen wird es - gerade wenn eventuell keine Arbeitswissenschaftler eingesetzt werden - eine wichtige Aufgabe der Arbeitnehmervertretung sein, auf stark belastete Arbeitsbereiche bzw. Arbeitnehmergruppen hinzuweisen und Belastungspotentiale herauszuarbeiten, um Verbesserungen in gerade diesen Bereichen anzustoßen und Umstellungen besonders aufmerksam zu verfolgen. Hierzu sind Interviews mit ausgewählten Sachbearbeitern zu führen, deren Tätigkeiten auf Basis der Analysen als eventuell eingeschränkt bzw. monoton eingestuft werden könnten, um daraus Verbesserungsvorschläge abzuleiten.

Positiv, auch aus arbeitswissenschaftlicher Sicht zu bewerten und somit anderen Unternehmen zu empfehlen, ist der Abgleich der im Team erarbeiteten Integrationspotentiale mit den strategischen Unternehmenszielen und Wettbewerbsfaktoren. Ein solcher Abgleich verhindert, daß die Vernetzung von EDV-Systemen und der EDV-Einsatz potentiell zum Selbstzweck wird.

Im gesamten Prozeß kam den externen Beratern in bezug auf die Moderation von Diskussionen, der Analyse des Ist-Zustandes und insbesondere bei der Strukturierung der Vorgehensweise erhebliche Bedeutung zu. Dies ist insbesondere unter Umsetzungs- und Übertragbarkeitsaspekten kritisch zu bewerten, läßt sich jedoch bei dieser umfassenden, personale Aspekte einschließenden Planungsthematik kaum vermeiden.

4.2 Übertragbarkeitsaspekte

Das in diesem Buch vorgestellte Vorgehen zur Integrationsplanung erhebt den Anspruch, daß es in einer größeren Anzahl mittelständischer Maschinenbauunternehmen anwendbar ist. Dazu wurde Wert darauf gelegt, daß

- durch einen modularen Aufbau eine einfache und leicht überschaubare Handhabung möglich ist,
- eine Einschränkung der zu erhebenden Daten auf das unbedingt notwendige Mindestmaß angestrebt wurde (Vermeidung von Datenfriedhöfen),
- das Produktionswissen der Beschäftigten in Unternehmen weitestgehend für die Planungen zu aktivieren ist.

Die Anwendbarkeit hat sich in dem mittelständischen Unternehmen, das als Pilotanwender die einzelnen Planungsschritte konkret durchführte, bestätigt. In zwei weiteren mittelständischen Betrieben wurde darüber hinaus die Übertragbarkeit einzelner Planungsschritte getestet.

Zur kurzen Charakterisierung der Zielgruppe, für die die Planungsmethodik geeignet ist, werden im folgenden einige Daten zu dem Pilotanwender (Stand 1990) dargestellt. Ergänzend werden einige Informationen zu den beiden Betrieben gegeben, in denen die Übertragbarkeitstests stattfanden. Die Beschreibung der Vorgehensweise bei den Übertragbarkeitsuntersuchungen geben Hinweise, wie ein CIM-Planungsvorhaben initiiert werden kann.

Der Pilotanwender, das Werk Klöckner Ferromatik Desma (KFD) in Malterdingen ist ein Maschinenbauunternehmen, das Spritzgießmaschinen für die Verarbeitung von Thermoplasten, Duroplasten und Elastomeren mit einem Schließkraftbereich von 200 bis 6500 kN herstellt. Der Schwerpunkt liegt dabei auf Sondermaschinen für Spezialanwendungen mit den dazugehörigen Peripheriesystemen. Das heißt, es wird sehr stark auf kundenspezifische Wünsche eingegangen. Der Betrieb beschäftigt ca. 750 Mitarbeiter. Seit 1969 werden numerisch gesteuerte Produktionsmittel eingesetzt. In der mechanischen Fertigung wird (1989) bereits über die Hälfte der Produktion auf numerisch gesteuerten Maschinen erbracht. Auch im Bereich Konstruktion, NC-Programmierung, Produktionsplanung und anderen Bereichen wurden bereits zu Projektbeginn DV-Systeme eingesetzt. Teilweise waren bereits technische Integrationen realisiert (CAD/NC-Programmierung) oder in der Planung relativ fortgeschritten (Grobterminierungssystem).

Im KFD-Werk Achim (ca. 900 Mitarbeiter) fand der erste Test zur Übertragbarkeit der Methodik statt. Hier werden mehrstellige Spritzgießmaschinen (Rundläufer) für die Verarbeitung von Thermoplasten, Elastomeren und

Polyurethanen sowie Ein- und Mehrstationenmaschinen für das Spritzgießen von Elastomeren hergestellt. Ein weiterer Geschäftsbereich ist die Produktion von Schuh- und Gummimaschinen. Weiterhin gibt es einen Formenbau für Schuhe, Stiefel und Teile aus Elastomeren aller Art. Im Unterschied zum Pilotunternehmen gibt es hier somit mehrere Produkttypen, die wesentliche Umsatzanteile aufweisen. Es gibt dementsprechend relativ unabhängige Produktionslinien und unterschiedlich strukturierte Abnehmermärkte, was eine CIM-Rahmenplanung erschwert.

Der zweite Test der Methodik fand im KFD-Werk Maintal statt. Es beschäftigt ca. 530 Mitarbeiter und produziert Spritzgießmaschinen für die Verarbeitung von Thermoplasten, Duroplasten und Elastomeren im Schließkraftbereich größer 2300 kN. Der Anteil an Sondermaschinen für Spezialanwendungen und an Peripheriesystemen ist bei diesen Großmaschinen noch wesentlich höher als im Werk, das als Pilotanwender diente.

Die Übertragbarkeitstests umfaßten die Module 1 bis 4 der Planungsmethodik. Sie enthielten eine, gegenüber dem Vorgehen im Pilotunternehmen (Werk Malterdingen), verkürzte Analysephase.

Die Kurzanalysen brachten Aufschlüsse über die Anwendbarkeit

- der fachbereichsbezogenen Erhebungsformulare "Grobanalyse Stufe 1 + 2",
- der Vorgehensweise zur Erhebung der Aufbau- und Ablauforganisation,
- der Planungs- und Bewertungsmethoden als Vorstufe zur Erarbeitung eines CIM-Rahmenplanes.

Es wurden jeweils mehrere Fachabteilungen einbezogen, um die Besonderheit einer CIM-Planung zu berücksichtigen. Die im Werk Malterdingen weitgehend praktizierte Mitarbeiterbeteiligung wurde - auf die ausgewählten Fachabteilungen beschränkt - zum Bestandteil der Planungsmethodik auch in den Werken Achim und Maintal.

Die Kurzanalysen umfassen ein schrittweises Vorgehen.

Schritt 1:   Information der Geschäftsleitung, des Betriebsrats und der in die Kurzanalysen einzubeziehenden Fachabteilungen durch KTE

Die Geschäftsleitung und der Betriebsrat der Werke Achim und Maintal wurden von KTE über Umfang, Ablauf und Inhalt der Kurzanalysen schriftlich informiert. Nach erfolgter Zustimmung zur Durchführung der Kurzanalysen wurde je Werk ein Ansprechpartner benannt und die einzubeziehenden Fachabteilungen endgültig festgelegt.

Werk Achim	**Werk Maintal**
- Vertrieb	- Vertrieb
- Arbeitsvorbereitung	- Konstruktion (Mech.)
- Fertigung und Montage	- Konstruktion (El.)
- Qualitätssicherung	- Arbeitsvorbereitung
- Fertigung und Montage	

In jeweils halbtägigen Informationsveranstaltungen im Werk Achim und im Werk Maintal, wurde je ein Vertreter der genannten Fachabteilungen umfassend über das Vorhaben und über die Ziele der Kurzanalysen im besonderen von KTE unterrichtet. Eingehend wurde das Instrumentarium "Grobanalyse Stufe 1 + 2" behandelt, da die Anwendung und Datenerhebung autonom von den Fachabteilungen selbst durchgeführt werden sollte.

Die Erhebungsformulare

- Grobanalyse Stufe 1 + 2,
- Zuordnung von Aufgaben zu Personengruppen und Tätigkeitsprofilen,

wurden als Leerformulare an die jeweiligen Vertreter der Fachabteilungen übergeben. Der Betriebsrat der Werke Achim und Maintal wurde über die Durchführung der Kurzanalysen unterrichtet.

Schritt 2: Erhebung der fachbereichsbezogenen Grobanalyse-Daten durch die Fachabteilungen.

Gemäß Absprache wurden die abteilungsbezogenen Ist-Daten von dem jeweiligen Vertreter der Fachabteilung unter Hinzuziehung einzelner Mitarbeiter erhoben. Bis auf eine Ausnahme gab es keine Rückfragen hinsichtlich der formalen Anwendung der Erhebungsformulare. Die ausgefüllten Erhebungsbögen zeigten allerdings, daß die Bildung von Personengruppen mit ähnlichen Tätigkeitsprofilen ohne Unterstützung durch arbeitswissenschaftlich geschulte Experten Schwierigkeiten bereitet.

Für die fachabteilungsbezogenen Grobanalysen stand im Werk Achim die Zeitspanne von ca. zwei Wochen, für das Werk Maintal von ca. drei Wochen zur Verfügung.

Schritt 3: Weitere Erhebungen und Anwendung der Planungs- und Bewertungsmethoden unter Beteiligung der Projektpartner FhG-ISI, IFAO, KFD-Malterdingen und KTE in den Werken Achim und Maintal.

Mit einem Aufwand von ca. drei Tagen je Werk wurden in Einzel- und Gruppendiskussionen die

- Ergebnisse der fachbereichsbezogenen Grobanalyse-Daten diskutiert,
- Erhebungen zur Ablauforganisation durchgeführt,
- Unternehmensziele, Wettbewerbsfaktoren und CIM-Aktivitäten diskutiert sowie deren Gewichtung und Bewertung vorgenommen.

In einer abschließenden Diskussion unter zeitweiliger Beteiligung der Geschäftsführungen wurde eine gemeinsame Ergebnisbetrachtung der Kurzanalysen durchgeführt sowie die Eignung des Instrumentariums aus Anwendersicht diskutiert.

An dieser Stelle wird nun eine zusammenfassende Bewertung wiedergegeben. Da sich hinsichtlich des Ablaufes der Kurzanalysen sowie von den Ergebnissen her keine signifikanten Unterschiede gezeigt haben, wird hier zusammengefaßt für beide Werke berichtet.

Instrumentarium Grobanalyse

Die entwickelten Formblätter für die Grobanalyse Stufe 1 + 2 waren nach der erfolgten Einweisung durch KTE ohne Probleme anwendbar. Dies zeigte sich auch durch den sehr geringen Zeitaufwand von ca. zwei Manntagen je Fachabteilung für die Datenerhebung und Dokumentation. Dies auch vor dem Hintergrund, daß nicht alle gewünschten Daten in aufbereiteter Form verfügbar waren. Kritische Anmerkungen bezogen sich auf einige Formalien und ergänzende Hinweise.

Der Aufbau und Inhalt der Grobanalyse-Formblätter wurde als zweckentsprechend beurteilt sowie eine relativ einfache Anwendbarkeit bescheinigt.

Die Erhebung von Tätigkeitsprofilen allein mit Hilfe von Erhebungsbögen ist dagegen auch bereits bei einer "groben" Analysestufe problematisch.

Erhebungen zur Ablauforganisation

Im Rahmen einer Gruppendiskussion wurde die Anfrage-, Angebots- und Auftragsbearbeitung abteilungsintern und -übergreifend grob analysiert. In dieser Diskussion wurden zum Teil schon bekannte Problemfälle und Schwächen im organisatorischen Bereich besprochen und Lösungsansätze diskutiert. Als Ergebnis zeigte sich, daß es planerische und organisatorische Verbesserungsmöglichkeiten (Integrationspotentiale) gibt. Die größeren Organisationsprobleme und Integrationspotentiale waren in den indirekten

Bereichen (Vertrieb, Konstruktion, Materialbeschaffung und Fertigungs-
planung) angesiedelt. Es wurde auch deutlich, daß eine fachabteilungsinterne
Verbesserung der Situation allein nicht ausreicht, sondern ein integrativer Lö-
sungsansatz entwickelt werden muß.

**Unternehmensziele, Wettbewerbsfaktoren und CIM-Aktivitäten sowie
deren Gewichtung und Bewertung**

Die Diskussion von Unternehmenszielen und marktorientierten Wettbewerbsfaktoren wurde als Bestandteil der Planungsmethodik von den Vertretern der
Werke unterstützt und für notwendig befunden. Grundsätzlich wurde jedoch
angemerkt, daß hierzu Vorgaben von der Geschäftsführung eines Unternehmens zu entwickeln sind oder von einem kompetenten, von der Geschäftsführung beauftragten Gremium.

Unter Berücksichtigung dieser Einschränkung wurden Unternehmensziele und
Wettbewerbsfaktoren definiert. Der paarweise Vergleich der Wettbewerbsfaktoren zur Bildung einer Rangreihe wurde durchgeführt mit zum Teil nicht
erwarteten Ergebnissen aus Sicht der Bewerter. Eine Besonderheit zeigte sich
im Werk Achim in der Form, daß hier drei unterschiedliche Produktgruppen
hergestellt und vertrieben werden:

- Schuhmaschinen
- Gummimaschinen und
- Formenbau für Schuh- und Gummimaschinen.

Vor dem Hintergrund, daß für die Absatzentwicklung von Schuh- und Gummimaschinen andere Entwicklungen prognostiziert wurden als für die anderen
beiden Produktgruppen, wäre eine produktorientierte Vorgehensweise
(Unternehmensziel, Wettbewerbsfaktoren) aus methodischer Sicht interessant
gewesen, auch im Hinblick auf eine Zusammenführbarkeit der Teilergebnisse.
Die im Kapitel 3 gezeigte Methodik der Gewichtung der Integrationspotentiale stößt somit dort an Grenzen, wo für unterschiedliche Produktgruppen (bzw. auch Teilmärkte) unterschiedliche Wettbewerbsstrategien
erforderlich sind.

Aus den Ergebnissen der Diskussionsrunde "Ablauforganisation" und den dort
erörterten Problemfällen wurden, unterstützt durch die "Grobanalyse-Daten",
im Werk Achim sieben Projektvorschläge für CIM-Aktivitäten und im Werk
Maintal fünf Projektvorschläge entwickelt.

Die anschließend praktizierte Bewertungsmethode, welchen Beitrag die vor-
geschlagenen CIM-Aktivitäten zur Umsetzung der Wettbewerbsfaktoren

leisten können, wurde von den Vertretern der Werke als ein geeignetes Instrument zur Prioritätsfindung bei der Umsetzung von CIM-Projekten angesehen. Hervorgehoben wurde die "Anwendersicht" der Herangehensweise an CIM.

Zusammenfassende Betrachtung der Kurzanalysen

Zusammenfassend kann festgestellt werden,
- daß die Erhebungsinstrumentarien nach einer relativ kurzen Einweisung in einer "fremden" Unternehmensumgebung gut funktioniert haben,
- daß das entwickelte methodische Vorgehenskonzept die Erarbeitung eines unternehmensspezifischen CIM-Rahmenplanes wirkungsvoll unterstützt.

Diese Auffassung wurde auch von den Mitarbeitern der KFD-Werke Achim und Maintal im Rahmen der Abschlußdiskussion vertreten. Darüber hinaus kamen aus diesem Kreis auch Vorschläge zur partiellen Modifizierung des Instrumentariums. Bei der Entwicklung der Planungsmethodik wurde unterstellt, daß von einem mittleren Maschinenbauunternehmen in der Regel nur ein Produkt mit technologisch eingrenzbaren Merkmalen und für ein bestimmtes Marktsegment hergestellt wird. Daß das nicht immer zutrifft, hat die Kurzanalyse im Werk Achim gezeigt. Deshalb sollten bei einem Lieferprogramm mit unterschiedlichen Produkten und Absatzmärkten Unternehmensziele und Wettbewerbsfaktoren zunächst produktbezogen definiert werden, um dann in einem zweiten Schritt die Teilergebnisse abzugleichen und zusammenzuführen.

Als sehr wichtig ist die Aussage zu werten, daß die Einbeziehung externer Fachleute als "neutrale" Institution und als Moderator für CIM-Projekte gefordert wurde.

Erkennbar wurde auch hier der Effekt, daß eine partizipative Projektorganisation zur Motivierung der Mitarbeiter beiträgt sowie abteilungsübergreifendes Denken und Handeln fördert.

Diese Ergebnisse der Übertragbarkeitstests haben bestätigt, daß das entwickelte Planungsinstrumentarium und die methodische Vorgehensweise für die Erarbeitung eines unternehmensspezifischen CIM-Rahmenkonzeptes kleiner und mittelständischer Unternehmen mit homogenen Absatzmärkten geeignet sind. Für größere Unternehmen mit verschiedenen Produktlinien und unterschiedlichen Absatzmärkten muß das Verfahren dahingehend weiterentwickelt werden, daß eine Berücksichtigung unterschiedlicher Marktstrategien möglich ist.

4.3 Resümee des Pilotunternehmens

4.3.1 Die Geschäftsführung

Die Anwendung der entwickelten Planungsmethodik bindet aufgrund der intensiven Mitarbeiterbeteiligung erhebliche personelle Ressourcen eines Unternehmens, die neben dem aktuellen Tagesgeschäft bereitzustellen sind. Dieser Aufwand wäre nicht zu rechtfertigen, wenn sich nicht daraus entsprechende Nutzeneffekte ableiten ließen. Daß dies möglich ist, hat die erweiterte Wirtschaftlichkeitsbetrachtung zu den unterschiedlichen Szenarien des entwickelten Rahmenkonzeptes gezeigt. Unter dieser Annahme muß die Mitarbeiterbeteiligung als eine Stärke der Methodik anerkannt werden.

Unter diesen Aspekten ist auch die fachbereichsübergreifende Projektorganisation zu sehen. Hiermit wird bewirkt, daß zunächst, losgelöst von den "EDV-technischen Wunschvorstellungen" Einzelner, die unternehmensinternen

- Informationsflüsse,
- Kommunikationsstrukturen sowie
- organisatorischen Defizite

erhoben, ausgewertet und auf eine CIM-gerechte Gestaltung hin untersucht und verändert werden. Erst danach kann eine aufgabenspezifische EDV-Unterstützung diskutiert und ein Rahmenkonzept verabschiedet werden. Investitionsentscheidungen orientieren sich deshalb nicht mehr ausschließlich an der Optimierung von Einzelaufgaben, sondern werden immer im Zusammenhang einer längerfristigen Gesamtplanung betrachtet werden müssen.

Eine Planungsmethodik für eine Anwendung im Maschinenbaubereich zu entwickeln ist offenbar prinzipiell gelungen, jedoch mit der Einschränkung, daß effektive Planungsergebnisse nur mit Hilfe CIM-erfahrener Fachleute realisierbar sind. Dies sollte nicht unbedingt als Schwäche der Methodik interpretiert werden, ist jedoch von der Erkenntnis begleitet, daß eine Planungsmethode für CIM nur in den Grundanforderungen für eine breite Anwendung formalisierbar ist.

Ein zusätzlicher Nebeneffekt, der bei dieser bereichsübergreifenden Herangehensweise auftritt, soll auch erwähnt werden. Es ist dies die Motivation der Mitarbeiter und das Verständnis für die Probleme der vor- und nachgelagerten Abteilungen. Durch die vorgegebene Arbeitsweise im Team und z.B. die durch- zuführende Bewertung und Gewichtung der CIM-Potentiale für eine Prioritätenfolge zur Realisierung wird die Zusammenarbeit besonders unterstützt.

Dies soll und kann keine abschließende Bewertung der Planungsmethodik hinsichtlich Stärken und Schwächen sein. Erst die Realisierung von CIM-Projekten auf Basis dieser Planungsmethode und deren Ergebnisbewertung wird ein abschließendes Urteil ermöglichen.

4.3.2 Der Betriebsrat

Die Entwicklung von Strategien und Gesamtkonzepten zur CIM-Planung ist für den Betriebsrat eines mittelständigen Unternehmens sicher keine alltägliche Aufgabe. Die Vorgehensweise war vor allem am Anfang problematisch, da zwar der Anspruch bestand, an den Planungen zu CIM die Betroffenen zu beteiligen, zunächst aber nicht klar war, wer dies bei einer CIM-Planung denn letztlich ist. Da CIM das gesamte Unternehmen betrifft, waren alle Beschäftigten mögliche Betroffene. Im Projekt, in dem der Betriebsrat von Anfang an zusammen mit der Geschäftsführung, den Hauptabteilungsleitern und den externen Begleitforschern an der Projektlenkung beteiligt war, wurde deshalb möglichst schnell auf eine Konkretisierung der Planungen hingearbeitet. Hierzu wurden von den externen Begleitforschern in Ist-Analysen in allen Betriebsbereichen die Stärken und Schwächen erhoben, die mit CIM verstärkt bzw. behoben werden sollten. Eine wichtige Anforderung aus Betriebsratssicht war es dabei, daß neben den technischen auch die organisatorischen Stärken und Schwächen ermittelt und die Interessen der Beschäftigten berücksichtigt wurden. Dies wurde dadurch erreicht, daß Tätigkeitsprofile und Qualifikationsstrukturen in den verschiedenen Betriebsbereichen systematisch erfaßt wurden. Rückblickend kann als eine Anregung zur Verbesserung dieses Verfahrensabschnittes empfohlen werden, auch die Belastungsstruktur in den verschiedenen Betriebsbereichen systematischer, eventuell unter Verwendung von Erhebungsbögen, zu erfassen. Die Bedeutungsgewichtung der ermittelten Stärken und Schwächen mit Unternehmenszielen ist ein sehr zu empfehlender Verfahrensschritt. Es wird klar, was im Unternehmen als CIM-Planung weiter verfolgt wird. Die Erfahrungen im Projekt zeigen außerdem, daß dadurch aktuelle betriebliche Probleme und Störsituationen zum CIM-Thema werden und CIM nicht als rein technischer Rationalisierungsprozeß behandelt wird. Bei einer Weiterentwicklung des Verfahrens sollte man überlegen, ob und wie bereits an dieser Stelle auch Humanisierungsgesichtspunkte ebenfalls zur Bewertung eingesetzt werden können. Die Eingrenzung der CIM-Planung mit diesem Vorgehen ermöglicht die Beteiligung von weiteren Beschäftigten aus verschiedenen Fachabteilungen an der Erarbeitung von CIM-Konzepten. In den hierzu gebildeten Arbeitsgruppen konnte ein Ergebnis erreicht werden, das die Bedeutung der Organisationsentscheidungen für die Wirkungen auf die betroffenen Beschäftigten zeigt. Außerdem kann mit dem Ergebnis der

Schulungsbedarf abgeschätzt werden. Auch der mit dem Verfahren erfolgte Nachweis, daß die Beteiligung der Beschäftigten verschiedener Fachabteilungen an den Planungen wirtschaftlich sinnvoll ist, stellt ein interessantes Ergebnis dar.

Abschließend ist zum CIM-Projekt zu sagen, daß eine Beteiligung externer Arbeitswissenschaftler, die die allgemeinen Interessen der Beschäftigten im Projekt vertreten können, neben einer Beteiligung des Betriebsrats sehr zu empfehlen ist. Der Betriebsrat eines mittelständischen Unternehmens kann schon aus Zeitgründen kaum mehr als eine Steuerungs- und Überwachungsfunktion leisten.

5 Literatur

Auch, M., 1985:
Wirtschaftlichkeitsvergleich und Arbeitssystemwertvermittlung - ein erweitertes Bewertungsverfahren. Menschengerechte Arbeitsplätze sind wirtschaftlich. In Schriftenreihe: Wirtschaftlichkeitsrechnung. Hrsg. RKW, Eschborn.

AWF; Ausschuß für wirtschaftliche Fertigung e.V., 1985:
Integrierter EDV-Einsatz in der Produktion. Computer Integrated Manufacturing. Begriffe, Definitionen, Funktionszuordnungen, Eschborn.

Bölzing, D.; Liu, F., 1987:
CIM - Wunsch und Realität integrierter Konzepte im Maschinenbau. Werkstatt und Betrieb 120(1987)9,S.673/683.

Bölzing, D.; Schulz, H., 1988:
Kennzahlenorientierte Unternehmensplanung für CIM-Technologien. Industrie-Anzeiger 63/64(1988)S.44/45.

Bullinger H.; Schmid, J., 1987:
Mit Ziel und Plan in die Gewinnzone. ERFOLG-Magazin 5(1987)S.20/24.

Dietrich, L.; Panaegrau, I., 1989:
CIM-Wirtschaftlichkeitsbewertung, Nixdorf Computer AG, Essen.

Dreher, C., 1990:
Wirtschaftliche Situation der geförderten Unternehmen und Auswirkungen der Förderung auf die CIM-Vorhaben. In: Dokumentation zur Zwischenpräsentation "Erste Ergebnisse der Evaluierung der indirekt-spezifischen CIM-Förderung", veranstaltet vom Projektträger Fertigungstechnik des BMFT am 24. April 1990 in Karlsruhe. Karlsruhe: Kernforschungszentrum Karlsruhe, S. 101/113.

Duell, W.; Frei, F., 1985:
Leitfaden für qualifizierende Arbeitsgestaltung, ETH, Zürich.

Dürr, H.H., 1988:
Wettbewerbsfähigkeit trotz CIM. VDI-Bericht Nr. 705(1988)S.1/15.

Eberle, M.; Schäffner, G.J., 1988:
Analyse und Bewertung von CIM-Investitionen, ZwF 83(1988)3,S.188/122.

Elias, H.J., 1985:
Das GIT-Verfahren zur Humanvermögensrechnung. Menschengerechte Arbeitsplätze sind wirtschaftlich. In Schriftenreihe: Wirtschaftlichkeitsrechnung, Hrsg. RKW, Eschborn.

Esser, U.; Kemmner, G.-A., 1989:
CIM: Mythen und Fakten der computergesteuerten Produktion. In: Management Zeitschrift 58(1989)5,S.81/85.

Gebert, D.; Rosenstiel, L. von, 1981:
Organisationspsychologie, S. 121ff., Stuttgart.

Grabowski, H.; Watterott, R., 1987:
CIM, Anspruch und Wirklichkeit. In: CAD-CAM/Report 4(1987)S.104/123.

Hacker, W.; Richter, P., 1990:
Psychische Regulation von Arbeitstätigkeiten - Ein Konzept in Entwicklung. In: *Frei, F.; Udris, I.* (Hrsg.): Das Bild der Arbeit. Bern, Stuttgart, Toronto.

Herold, H.H., 1988:
Stand der CIM-Realisierung im internationalen Vergleich. VDI-Bericht 705, 1988.

Herrmann, P., 1988:
Wirtschaftlichkeitsaspekte und Chancen einer flexiblen Fertigung aufgezeigt an Beispielen aus dem Maschinenbau. Wirtschaftlichkeit neuer Produktions- und Informationstechnologien: Tagungsband zum Stuttgarter Controller-Forum 1988, *Horvath, P.* (Hrsg.).

Hettesheimer, E., 1988:
Quantifizierung des Nutzens beim Einsatz rechnergestützter Verfahren im Entwicklungsbereich. Wirtschaftlichkeit neuer Produktions- und Informationstechnologien: Tagungsband zum Stuttgarter Controller-Forum 1988, *Horvath, P.* (Hrsg.).

Holz, B., 1986:
Neue Maßstäbe zur Wirtschaftlichkeitsbeurteilung von Fertigungen. Strategische Investitionsplanung für neue Technologien, ZfB-Ergänzungsheft 1/86.

Horvath, P., 1988:
Grundprobleme der Wirtschaftlichkeitsanalyse beim Einsatz neuer Informations- und Produktionstechnologien. Wirtschaftlichkeit neuer Produktionstechnologien: Tagungsband zum Stuttgarter Controllerforum 1988. *Horvath P.* (Hrsg.).

Hub, H., 1989:
Aus Betroffenen werden Beteiligte. Wie man Investitionsvorhaben in der Projektgruppe bewerten kann. Blick durch die Wirtschaft, 15. Febr. 1989, Nr.33,S.7.

Kaplan, R. S., 1986:
CIM-Investitionen sind keine Glaubensfrage, HARVARDmanager (1986)3 S.78/85.

Kemmner, A., 1988:
Investitions- und Wirtschaftlichkeitsaspekte bei CIM. CIM-Management (1988)S.22/29.

Kernforschungszentrum Karlsruhe, 1988:
CIM. Die rechnerunterstützte Fabrik. Eine Einführung, Karlsruhe.

Klingenberg, H., Kränzle, H.-P., 1986:
Humanisierung bringt Gewinn - Modelle aus der Praxis - Band 1, Montage und Qualitätskontrolle. Hrsg. Rationalisierungskuratorium der Deutschen Wirtschaft, RKW-Bestell-Nr. 976, 1986.

Klingenberg, H., Kränzle, H.-P., 1988:
Humanisierung bringt Gewinn - Modelle aus der Praxis - Band 2, Fertigung und Fertigungssteuerung. Hrsg. Rationalisierungskuratorium der Deutschen Wirtschaft, RKW-Bestell-Nr. 1010, 1988.

Koch, H.C., 1986:
Computer Integrated Manufacturing als Wettbewerbsfaktor. VDI-Berichte 611: Rechnerintegrierte Konstruktion und Produktion (1986)S.1/29.

Lay, G. et a.; Frei, F. et al., 1986:
Vernetzung betrieblicher Bereiche. Schriftenreihe der Bundesanstalt für Arbeitsschutz, Dortmund (Hrsg.), Fb 449, Bremerhaven.

Lay, G., 1992:
CIM-Projekte in der Bundesrepublik Deutschland: Ziele, Schwerpunkte, Vorgehen. VDI-Z 134(1992)3,S.20/30.

Lindecker, J.D., 1989:
Return on Investment der innerbetrieblichen Kommunikation, In: Management Zeitschrift 58(1989)9,S.41/45.

Martin, T. et al., 1988:
Angemessene Automation für flexible Fertigung, Teil 2. Wt Werkstatttechnik 78(1988)S.199/122.

Niemeier, J., 1988:
Konzepte der Wirtschaftlichkeitsberechnung bei integrierten Produktionssystemen. Wirtschaftlichkeit neuer Produktions- und Informationstechnologien: Tagungsband zum Stuttgarter Controller-Forum 1988, *Horvath P.* (Hrsg.).

Picot, A. et al., 1985:
Vier-Ebenen-Modell der Wirtschaftlichkeitsbeurteilung. Menschengerechte Arbeitsplätze sind wirtschaftlich. In Schriftenreihe: Wirtschaftlichkeitsrechnung, Hrsg. RKW, Eschborn.

Reichwald, R., 1986:
Arbeitswissenschaftliche Aspekte neuer Technologien. Rationalisierungskuratorium der Deutschen Wirtschaft, Nr. 1027, Herbstkonferenz 1986 der Gesellschaft für Arbeitswissenschaft.

Schabert, H., 1989:
Technologieorientierte CAD/NC-Verfahrenskette. ZwF 84(1989)10,S.582.

Scheer, A.-W., 1987:
CIM. Der computergesteuerte Industriebetrieb. Berlin, Heidelberg.

Scheer, A.-W.; Kraemer, W., 1989:
Wie beeinflußt CIM das Rechnungswesen. In: Management-Zeitschrift 58(1989)6,S.81/84.

Schmitz, H., 1978:
Systemtechnik in Betrieb und Verwaltung. Teil 2. Verfahren und praktische Beispiele zur Abwicklung komplexer Aufgaben, Düsseldorf.

Schreuder, S., 1988:
CIM-Nutzen mit System: Uni Aachen stellt wirkungsvollen Ansatz zum Investitionsrechnen vor, systematisiert Nutzengrößen der Computerintegration, erleichtert ROI-Berechnung von C-Technologien.CIM 3(1988)S.30/34.

Schreuder, S.; Upmann, R., 1988:
Wirtschaftlichkeit von CIM - Grundlage für Investitionsentscheidungen. CIM-Management 4(1988)S.10/16.

Schulz, H.; Bölzing, D., 1988:
"CIM-Status" für strategische Unternehmensplanung. CIM-Management 4(1988)S.4/9.

Schumann, M; Mertens, P., 1989:
Versuche zur Abschätzung der Vorteilhaftigkeit von CIM-Realisierungen - eine Bestandsaufnahme. Universität Erlangen-Nürnberg, Abteilung für Wirtschaftsinformatik.

Seidel, E., 1985:
Betriebsökonomische Effizienzindikatoren. Menschengerechte Arbeitsplätze sind wirtschaftlich. In: Schriftenreihe Wirtschaftlichkeitsrechnung, Hrsg. RKW, Eschborn.

Thiehoff, R., 1988:
Kein Gegensatz: Humanisierung der Arbeit und Wirtschaftlichkeit. Gesundheit am Arbeitsplatz: Neue Techniken menschengerecht gestalten, S. 33-45, Hrsg. BuMi für Arbeit und Sozialordnung, 1988.

Ulich, E., 1988:
Arbeits- und organisationspsychologische Aspekte neuer Technologien. Dokumentation zur Herbstkonferenz der Gesellschaft für Arbeitswissenschaft an der Universität Kaiserlautern. *Zink, Klaus J.* (Hrsg.), 1988. RKW-Bestellnr. 1027.

Upmann, R., 1989:
Zur wirtschaftlichen Bewertung von CIM, VDI-Z 131(1989)8,S.59/66.

Wildemann, H., 1986:
Investitionsplanung für neue Technolgien in der Produktion. Strategische Investitionsplanung für neue Technologien. ZfB-Ergänzungsheft 1/86, S. 1/47.

Wildemann, H., 1988:
Wirtschaftlichkeit und Akzeptanz von integrierten Produktionssystemen. Tagungsband zur Fachtagung Simulation und Fabrikbetrieb, Hrsg. ASIM-Arbeitskreis für Simulation in der Fertigungstechnik, München.

Wildemann, H., 1988:
Die modulare Fabrik: Kundennahe Produktion durch Fertigungssegmentierung, München.

Zangl, H., 1988:
CIM-Konzepte und Wirtschaftlichkeit. Office Management (1988)5,S.14/20.

6 Anhang

Analyse betrieblicher Aufgabenbereiche (zu den Planungsmodulen 1 und 2): Aufgabenliste (Analyseeinheiten)

Es wird jeweils erfaßt:

- Aufwand (z.B. Personalaufwand in Stunden/Jahr bzw. Maschinenstunden/-Jahr)
- Mengengerüst (Anzahl/Jahr) sowie Archivierungsbestand
- Rechnerunterstützung Ist/Soll (Art der Rechnerunterstützung und Prozentanteil vom Zeitaufwand)
- Sonstiges (wird im folgenden gesondert angegeben)

Die aufgelisteten Aufgaben sind der Analysestufe 1 (ohne Spiegelstrich) und der detaillierten Stufe 2 (mit Spiegelstrich) zuzuordnen. Aufwände für Aufgaben der Analysestufe 2 werden nur erhoben, wenn sich für Aufgaben der Analysestufe 1 hohe Aufwände zeigen.

1) Mechanische Konstruktion

Externe Dokumentation
- Ersatzteilzeichnung
- Bedienanleitung

Interne Dokumentation und Normierung
- Zeichnungskontrolle
- Stücklistenkontrolle
- Änderungsmitteilung/Kontrolle
- Eingabe Teilestämme

Angebots-/Produkt-/Teilekonstruktion
- Neukonstruktion/Änderungskonstruktion/Variantenkonstruktion/Symbolkonstruktion
  (wird für wichtige Konstruktionseinheiten getrennt ermittelt (in % vom Aufwand))
- Anteile Entwurfszeichnung/Einzelteilzeichnung/Baugruppenzeichnung (in % von der Menge)

Technische Berechnungen
- FEM-Analyse
- Volumen-/Flächenberechnung
- Schwerpunkt-/Trägheitsberechnung
- Bewegungssimulation
- Auslegung Maschinenelemente

Stücklistenerstellung

Produkt-/Teilekonstruktion
- Zeichnungstypen: Entwurfs-/Einzel-/Baugruppenzeichnungen
  (in Anteilsprozenten der Menge)
- Zeichnungsarten: Neu-/Änderungs-/Varianten-/Symbolkonstruktion,
  in Anteilsprozenten des Aufwands
- Zeichnungsänderungen
- Zeichnungsverwaltung (Anzahl archivierter Zeichnungen)

2) Elektrokonstruktion/Elektronikkonstruktion

Externe Dokumentation
- Funktionsbeschreibung Software
  (kundenspezifisch)
- Funktionsbeschreibung Hardware
  (kundenspezifisch)

Interne Dokumentation und Normierung
- Funktionsbeschreibung Software
  (kundenspezifisch)
- Funktionsbeschreibung Hardware
  (kundenspezifisch)
- Dokumentation der Softwareänderungen
- Kommentierte Programmlisting
- Struktogramm
- Funktionsbeschreibung Steckkarte (HW)
- Programmdokumentation
  Elektronikentwicklung
- Software (in % des Aufwands für Neu-/Änderungskonstruktion)
- Hardware: Anteile Neu-/Änderungskonstruktion (in % des Aufwands für
  Neu-/Änderungskonstruktion)
- Steuerpulte (in % des Aufwands für Neu-/Änderungskonstruktion)
- SW: kundenspezifisch (in % des Aufwands für Neu-/Änderungskon-
  struktion)

- HW: kundenspezifisch (in % des Aufwands für Neu-/Änderungskonstruktion)

Elektrokonstruktion Schaltpläne

Stücklistenerstellung

3) Arbeitsvorbereitung

Arbeitsplanung

Montageplanung

Prüfplanung

Betriebsmittelkonstruktion

Betriebsmittelarbeitsplanung

NC-Programmierung

4) Produktionsplanung und -steuerung

Primärbedarfssteuerung und -überwachung
(Brutto- und Netto-)Bedarfsermittlung

- Stücklistenauflösung
- Beschaffungsvorschläge für Zukaufteile
- Beschaffungsvorschläge für Fertigungsteile

Produktionsauftragsplanung
- Produktionsauftragserstellung
- Durchlaufterminierung

Auftragsfreigabe
- Verfügbarkeitsprüfung
- Arbeitsvorratsbildung
- Fertigungspapiere erstellen

Arbeitsverteilung
- Verwalten u. Steuern Auftragsbestand
- Reihenfolgeplanung
- Physische Verfügbarkeitskontrolle (Material)
- Auslösen Ressourcenbereitstellung (Material)
- Zuordnen der Arbeitsvorgänge zu Arbeitsplätzen
- Ausgabe Arbeitspapiere
- Auswärtsvergabe

Produktionsüberwachung
- Überwachen Auftragsendtermine
- Beantworten Terminanfragen
- Datenerfassung

Auswertungen

Stammdateneingabe und -verwaltung

5) Fertigung und Montage

Bereitstellung Fertigung
(ohne Material- und Teilebereitstellung)
- NC-Unterlagen bereitstellen
- Werkzeugmontage
- Werkzeugvoreinstellung
- Werkzeuge bereitstellen
- Vorrichtungsmontage
- Spannmittel und Vorrichtung bereitstellen

Bereitstellung Montage

Bearbeitung mit Maschinen (getrennt für die verschiedenen Bearbeitungsverfahren erfassen)

Anteile Neuteile/Ähnlichteile sowie Teilefamilie/Variantenteile (in % des Maschinenstundenaufwands pro Jahr)
Anteil NC/CNC/FFS (in % des Maschinenstundenaufwands pro Jahr)

Bearbeitung ohne Maschinen (ohne Montage)
- Entgraten
- Anreißen
- Lackieren

Montage und Handhabung
(Betriebsstunden von Montageautomaten/Montageroboter pro Jahr)
Anteil Neu-/Ähnlich-/Variantenteile in % für
- Montage Konstruktionseinheiten (Mechanik)
- Elektromontage Baugruppen
- Endmontage Mechanik/Hydraulik/Elektrik)

Instandhaltung
- Wartungsplanung
- Inspektionsplanung
- Fehlerfindung
- Instandsetzungsanleitung
- Ersatzteilebewirtschaftung
- vorbeugende Instandsetzungsstrategien
- Ausführen von Wartungs-, Inspektions- und Instandsetzungsarbeiten

6)   Qualitätssicherung

Fertigungs- und technische WE-Kontrolle
- Wareneingangskontrolle
- Plattenkontrolle
- Werkzeugausgabe und Sondermessungen
- Meßmaschinen
- Tischkontrolle
- Blockkontrolle (Hydraulik)
- Kundendienstteileprüfung

Endabnahme mechanisch/hydraulisch
- Prüfvorbereitungen
- Maschine einstellen
- Funktionsprüfung
- Fehlersuche und -behebung
- End- und Sichtkontrolle
- Auswertungen

Endabnahme Elektrik/Elektronik
- Prüffeld
- Prüfvorbereitungen
- Funktionsprüfung
- Fehlersuche und -behebung
- End- und Sichtkontrolle
- Auswertungen

7) Vertrieb

Absatzplanung

Anfrage- und Angebotsbearbeitung
- technische Klärung intern
- technische Klärung extern
- Preisermittlung
- Angebotskalkulation
- Schreibtätigkeiten
- Erfassen, Verwalten

Auftragsbearbeitung
- Auftragserfassung
- Technische Klärung
- Auftragsverwaltung
- Schreibtätigkeiten
- Auslieferung, Fakturierung

Berichtswesen
- Auswertungen
- Besuchsberichte
- Reklamationen

Stammdatenverwaltung
- Kundenstammdaten
- Vertreterstammdaten
- verkaufsspezifische Artikelstammdaten

8) Einkauf

Lieferantenauswahl
- Informationsbeschaffung
- Lieferantenbeurteilung

Bestellvorschlagsbearbeitung

Anfragewesen
- Erstellen von Anfragen
- Bewertung der Angebote
- Pflege Lieferant/Artikel/Referenz (Sätze pro Jahr)

Bestellwesen
- Zusammenfassen der Bestellungen je Lieferant
- Bestellmengenrechnung   (Pos./Jahr)
- Bestellschreibung   (Pos./Jahr)
- Bestellüberwachung   (Pos./Jahr)
- Pflege Bestellbestand   (Pos./Jahr)

Auswertungen
- Offene Posten   (Abgleiche/Jahr)
- Artikelstatistiken   (Teile/Jahr)
- Lieferantenstatistiken

Wareneingangsbearbeitung
- Erfassen Wareneingangslieferdaten
- Abgleich mit Bestellungen   (Pos./Jahr)

Rechnungsprüfung
- Abgleich Rechnungen - Bestellungen
- Klären Abweichungen   (Pos./Jahr)
- Übergabe an FiBu

9) Kundendienst

Ersatzteile
- Bearbeitung von Anfragen
- Bestellwesen
- Bearbeitung am Terminal
- Auftragsbestätigung
- Beschaffungsmaßnahmen (Sonder-)
- Fehlteilebearbeitung
- Rechnungskontrolle
- Allgemeine Verwaltung, Ablagen

Kundendiensttechnik (Montagen, Innendienst)
- Reparaturannahmen, Beratung
- Technische Dokumentation, Werkzeugbeschaffung
- Rechnungsstellung (Reparaturen Außendienst)
- Einsatzplanung Monteure
- Außendienstmonteure

Werkstatt und Reparaturen
- Wareneingang, Reparaturteile

- Auftragsbearbeitung
- Reparatur auslösen (intern und extern)
- Versandabwicklung, Reparaturaufträge
- Montage und Reparatur von Baugruppen
- Allgemeine Verwaltung, Ablagen

10) Innerbetrieblicher Transport

Transportziel festlegen

Sortieren nach Transportziel

Freigabe Abtransport

Ausführen und Rückmelden

11) Lagerwesen

Identifikationspunkt

Einlagerung

Lagerverwaltung
- Verwalten der Lagerorte
- Bestandsführung
- Überwachen des Lagerguts
- Überwachen der Lagerbedingungen
- Falschlieferungen (Umtausch)

Auslagerung
- Verwalten der Auslagerungsaufträge
- Vorbereiten der Auslagerung
- Durchführen der Auslagerung
- Freigabe des Lagerplatzes
- Kundendienstgruppe

Kontrollpunkt

Inventur

Berichtswesen

12) Versand

Versandannahme
- Auftragsunterlagen
- Warenannahme

Kontrolltätigkeiten
- Identitätskontrolle
- Qualitätskontrolle

Bereitstellen des Versandguts
- Sendung zusammenstellen
- Verpacken

Versandunterlagen erstellen

Transport auslösen
- Transport disponieren
- Waren verladen

Versandanzeige
- Auftragsunterlagen weiterleiten (Rückmeldung)
- Ablage Unterlagen

13) Wareneingang

Warenannahme

Kontrolltätigkeiten (Identität, Qualität, Termin)

EDV-Bearbeitung, Belegerstellung

Bereitstellen für das Lager

7 Sachwortverzeichnis

A

Ablaufanalyse 34
Absatzmarkt, homogener 89
Akzeptanz 68
-, höhere 77
Analyseeinheit 25
Anwendungsökonomie 79
Arbeitnehmervertretung 81
Arbeitsgruppen, Bildung von 16
Arbeitstätigkeit, ganzheitliche 12
Arbeitsteiligkeit, angepaßte 46
-, Grad der 40
Arbeitsteilung, Gestaltbarkeit der 10
Argumentenbilanz 67
Aufgabenbereich 25
Aufgabenkomplex 70
Aufgabenliste 25
Aufwand 72
Aufwandsaspekt 74
Aufwandsermittlung 25

B

Belastungsstruktur 91
Berater, externer 15, 17, 42
Beschäftigter, qualifizierter 3
Bestandsreduzierung 72
Beteiligung 16, 68, 72, 76
-, direkte 12
-, Wirtschaftlichkeit einer 17
Beteiligungsprozeß 80
Betrieb, Abhängigkeit des 46
Betriebsrat 12, 81
Beurteilung, Güte der 50
Beurteilungsgegenstand 73
-, Abgrenzung des 66

Beurteilungskomplexität 73
Bewertung, rückblickende 61
Bewertungsaufwand 73
Bewertungsergebnis, Akzeptanz des 17
Bewertungskomplexität 70

C

CIM-Baustein 34
CIM-Verständnis, organisationsorientiertes 5
-, technikorientiertes 5
-, erweitertes 56

D

Datenklärung 31
Denken, abteilungsübergreifendes 89
Desintegration, organisatorische 10
Durchlaufzeit 47, 72
DV-Anwenderschulung 74
DV-Investition 72
DV-Unterstützung 34

E

EDV-Unterstützung, aufgaben-
  spezifische 90
Einzelbewertung 51
Ergebnisverantwortung 14
Erhebungsformulare 86
Experte, betrieblicher 42, 63
-, externer 62

F

Fachabteilungen 24
Fertigungsinsel 47
Fertigungssteuerung 44
Forschungsvorhaben VI
Führungskraft, Beteiligung von 61

G

Geschäftsführung 49
-, Beteiligung der 15
Gestaltungsalternative 58, 59
Gewichtung, unterschiedliche 51
Gruppenarbeit, bereichsübergreifende
   50
Gruppenbewertung 51

H

Hauptabteilung 24
Humanisierung 80
Humanisierungsziel 82

I

Informationssitzung 59
Informationsveranstaltung 86
Integrationspotential, Bedeutung des
   53, 56
-, realisiertes 46
Integrationspotentiale, hochge-
   wichtete 58
Interessengegensätze 14
Interessenunterschied 81
Investitionsrechnung 66

K

Kapitalwertkurve 76

Kapitalwertmethode 66
Kommunikation 42
Konsens 51
Kooperationsstrukturen, informelle
   42
Kostenstelle 68
Kostenverursacher 70
Kurvenanalyse 85

L

Lenkungsaufgaben 15
Liefertreue 49
Lieferzeit 49

M

Machtstruktur, betriebliche 16
Methodik, Schwäche der 90
-, Stärke der 90
Mischarbeitsplatz 62
Mitarbeiter, leitende 15
Mitarbeiterbeteiligung 90
Moderation, neutrale 14
Motivation 90
Motivierung 89

N

Nachteil, organisatorischer 10
Nachvollziehbarkeit 77
Nutzen 72
Nutzenaspekt 74
Nutzenerwartung, schnellere Reali-
   sierung der 77
Nutzwertanalyse 67

P

Paarvergleich, Methode des 50

Parallelisierung 47
Personalabteilung 81
Personalkosten 72
Pilotanwender 84
Pilotvorhaben VI, 14
Planungsaufgaben 15
Planungsaufwand 24, 25, 68
Planungskapazität 57
Planungskontinuität 15
Planungsmodul 20
Planungsressourcen, begrenzte 56
Planungssicherheit 79
Preis 49
Prioritätsfindung 89
Produktanpassung, kundenspe-
  zifische 49
Produktflexibilität 49
Produktgruppe, unterschiedliche 88
Produktion, Flexibilität der 37
Produktionsflexibilität 2
Produktivitätssteigerung 72
Produktwechsel 72
-, häufiger 49
Projektlenkungsgremium 14
Projektvorschlag 53

Q

Qualifizierung 72
-, vorbereitende und begleitende 62
Qualifizierungskosten, niedrigere 77
Qualität 49

R

Realisierungserfordernis 70
Realisierungsperspektive, langfristige
  56
Realisierungswirkung 70
Realisierungszeitspanne 76
Regelkreis, informatorischer 9
Ressourcen, personelle 90

S

Schätzung, Ungenauigkeit von 72
Schnittstelle, organisatorische 37, 47
Schnittstellenreduzierung 62
Schulungsbedarf 92
Stärke, erhaltenswerte 46
Störung 42
Störungsbewältigung 42
Synchronisation 48
Szenariotechnik 67

T

Tätigkeit, ganzheitliche 47
Tätigkeitsprofil 38, 46, 83
Team, temporäres 47
Technik, Stand der 49
Teilinteressen 56
Termintreue 72
Top-Management 17

U

Übertragbarkeit 82
Übertragbarkeitstest 84
Umsatzerweiterung 72
Unternehmen, mittelständiges 89
-, Stärken des 46
Unternehmensziel 88
-, stragisches 17, 49

V

Verfahrensketten 9
Verständnis, gegenseitiges 50
-, gemeinsames 56
Vorgangskette, abteilungsinterne 44
-, abteilungsübergreifende 44
Vorgangsketten 9
Vorgangskettendarstellung 46

Vorgehen, Transparenz des 77
Vorstellung, unterschiedliche 56

W

Wettbewerbsfaktor 16, 88
Wettbewerbsstrategie, unter-
  schiedliche 88
Wettbewerbsvorteile 49
Widerspruch, logischer 50
Wirkungserwartung 73

Wirkungsfeld 73
Wirtschaftlichkeitsbegriff 66
Wirtschaftlichkeitskontrolle 68
Wunschvorstellung, EDV-technische
  90

Z

Ziel, wirtschaftliches 4
-, übergeordnetes 51

Lösungsvorschläge für die CIM-Praxis

▪ Rechnerintegrierte Konstruktion und Produktion – 8 Bände

Herausgeber dieser aus acht Bänden bestehenden Buchreihe sind VDI-Fachgliederungen, die im VDI-Gemeinschaftsausschuß CIM zusammenarbeiten. Die fachliche Gesamtbetreuung liegt bei Herrn Prof. Dr.-Ing. Joachim Milberg VDI, Institut für Werkzeugmaschinen der Technischen Universität München.

1990 – 1992, DIN A5. Gb.
Bei Bestellung der Bände 1 – 8:
Gesamtpreis DM 448,–
ISBN 3-18-401045-7

▪ Band 1: **CIM-Management**

Hrsg. VDI-Ges. Entwicklung Konstruktion Vertrieb (VDI-EKV).
1990. 140 S., 57 Abb. DM 48,00/43,20*
ISBN 3-18-401037-6

▪ Band 2: **Produktdatenverarbeitung**

Hrsg. VDI-Ges. Entwicklung Konstruktion Vertrieb (VDI-EKV).
1990. 109 S., 47 Abb. DM 48,00/43,20*
ISBN 3-18-401038-4

▪ Band 3: **Auftragsabwicklung und Werkstattsteuerung**

Hrsg. VDI-Ges. Produktionstechnik (VDI-ADB).
1991. 267 S., 145 Abb. DM 68,00/61,20*
ISBN 3-18-401039-2

▪ Band 4: **Flexible Fertigung (FFS)**

Hrsg. VDI-Ges. Produktionstechnik (VDI-ADB).
1990. 131 S., 74 Abb. DM 48,00/43,20*
SBN 3-18-401040-6

▪ Band 5: **Produktionslogistik**

Hrsg. VDI-Ges. Fördertechnik Materialfluß Logistik (VDI-FML).
1991. 272 S., 126 Abb. DM 58,00/52,20*
ISBN 3-18-401041-4

▪ Band 6: **Kommunikations- und Datenbautechnik**

Hrsg. VDI-Ges. Meß- und Automatisierungstechnik (VDI/VDE-GMA).
1991. 406 S., 140 Abb. DM 98,00/88,20*
ISBN 3-18-401042-2

▪ Band 7: **Qualitätssicherung**

Hrsg. VDI-Ges. Produktionstechnik (VDI-ADB).
1992.
248 S., 132 Abb. DM 68,00/61,20* ISBN 3-18-401043-0

▪ Band 8: **Flexible Montage**

Hrsg. VDI-Ges. Produktionstechnik (VDI-ADB).
1992.
141 S., 75 Abb. 12 Tab. DM 68,00/61,20* ISBN 3-18-401044-9

VDI VERLAG

Vertriebsleitung, Postfach 10 10 54,
4000 Düsseldorf 1

* Preis für VDI-Mitglieder, auch im Buchhandel. Die Preise verstehen sich inkl. MwSt. zzgl. Versandkosten, Preisänderungen vorbehalten. Ab Auftragswert DM 100,– portofrei.

Überzeugende Problemlösungen mit Vorrichtungen

1992. IX, 575 Seiten, 582 Bilder,
4 Tabellen, 16,8 x 24 cm. Gb.
DM 198,–   ISBN 3-18-401175-5

ZUM BUCH

Die fertigungs- und vorrichtungsgerechte Gestaltung der Werkstücke ist ein ganz wesentlicher Punkt und wird in dem vorliegenden Buch eingehend behandelt.

Es werden Wege aufgezeigt für das Wiederauffinden von bereits konstruierten und gefertigten Vorrichtungen und Funktionskomponenten. Ebenso wird auf Berechnungsfälle und Relativkosten eingegangen.

Einen weiteren Schwerpunkt bildet die Konstruktionssystematik im Zusammenhang mit Vorrichtungen; auf Einsatzmöglichkeiten von CAD wird hingewiesen.

Berücksichtigt werden die spezifischen Anforderungen an Vorrichtungen in bezug auf Handhabung und Sicherheit.

In einem umfangreichen Anhang werden Lösungsbeispiele aus der Praxis vorgestellt, die sowohl dem Konstrukteur bei seiner täglichen Arbeit wie auch dem Einsteiger Anregungen bieten.

IHRE VORTEILE:

- zahlreiche Lösungsbeispiele für Vorrichtungen
- Praxistips für Planung und Konstruktion
- Hinweise zur fertigungsgerechten Werkstückgestaltung
- Wirtschaftlichkeitsberechnung für Vorrichtungen

VDI VERLAG

Postfach 10 10 54
4000 Düsseldorf 1
Telefon 02 11/61 88-0